Energy
the five roads

Energy
the five roads

ENERGY
THE FIVE ROADS

기술과 철학, 사람과 시스템이 교차하는 다섯 개의 길 위에서 쓰인 칼럼의 여정

에너지의 미래를 함께 걷다

이 칼럼은 단순한 정보 전달을 넘어, 현장에서 길어 올린 통찰과 실무 및 제도화 과정에서 마주한 한계, 그리고 앞으로의 가능성에 대한 제언입니다.
복잡하고 다층적인 에너지 전환의 길목에서 마주한 현실과 질문들, 그리고 그 속에서 조금씩 찾아낸 해답의 조각들이 이 책에 담겨 있습니다.

프롤로그

함께 걸어온 길

우리는 20대 중반, 대학 졸업 후 한국에너지공단 신입직원 연수에서 처음 만났습니다. 어느덧 30년 가까운 시간이 흘렀고, 각자의 자리에서 서로 다른 길을 걸어왔습니다. 누군가는 중앙 조직에서 정책과 제도를 실행하고 다듬으며 큰 그림을 그렸고, 누군가는 현장에서 기업과 시민의 목소리를 들었습니다. 정책과 현장, 연구와 기술, 제도와 사람 사이에서 때로는 부딪히고, 때로는 연결하며 '에너지 전환'이라는 시대적 과제와 마주해 왔습니다.

역할과 위치는 달랐지만, 우리가 향한 방향은 같았습니다. '지속가능한 에너지 시스템'을 어떻게 설계하고 실현할 수 있을까? 기후 위기와 에너지 안보, 지역 균형과 산업 전환이라는 복잡한 문제들을 어떻게 통합적으로 해결할 수 있을까? 이러한 고민을 나누며 우리는 긴 동행의 시간을 쌓아왔습니다.

그동안 에너지경제신문, 전기신문에 연재한 칼럼들을 중심으로 품어온 고민과 생각을 글로 풀어냈습니다. 틈틈이 써온 글들을 모으고, 미처 다하지 못한 이야기들을 새롭게 덧붙여 한 권의 책으로 엮었습니다. 글에는 현장을 읽는 날카로운 시선과 일하는 과정에서 마주한 한계, 그리고 제도를 고민하는 실천적 언어가 담겨 있습니다. 무엇보다 에너지 시스템의 내일을 함께 고민해온 두 사람의 공통된 시각이 흐르고 있습니다. 이 책은 그 시간의 기록입니다.

책은 다섯 가지 주제로 구성했습니다.

- General : 인간과 에너지, 철학과 인식의 전환
- Green : 지속가능한 미래, 녹색에너지의 길
- Grid : 유연한 전력망과 분산형 에너지시스템의 설계
- Growth : 에너지 산업과 기술의 진화
- Geopolitical : 자원, 권력, 전략이 얽힌 에너지 세계

각 칼럼은 단순한 정보 전달을 넘어, 현장에서 길어 올린 통찰과 실무 및 제도화 과정에서 마주한 한계, 그리고 앞으로의 가능성에 대한 제언입니다. 복잡하고 다층적인 에너지 전환의 길목에서 마주한 현실과 질문들, 그리고 그 속에서 조금씩 찾아낸 해답의 조각들이 이 책에 담겨 있습니다.

끝으로,
한국에너지공단에서 오랜 시간 함께 걸어온 든든한 동료 여러분께 감사합니다. 에너지 업계에서 함께 지혜를 나눈 산·학·연·관 모든 분들께도 깊은 감사의 마음을 전합니다.

특히 현장 데이터를 함께 수집하고, 수많은 제도 설계와 실증 프로젝트를 고민하며, 많은 사람들과 대화 속에서 해답을 찾아간 순간들이 이 책의 밑거름이 되었습니다. 여러분 한 사람 한 사람의 응원과 통찰이 이 칼럼집 곳곳에 살아 숨 쉬고 있습니다.

이 책이 에너지 분야 종사자뿐 아니라, 지속가능한 미래를 고민하는 모든 이들에게 나침반이 되길 바랍니다. 그리고 언젠가 이 책의 독자들과도 같은 방향을 향해 걷는 '동행(同行)'이 되길 진심으로 소망합니다.

박성우, 김형중

Energy
the five roads

추천의 글

인간을 만물의 영장이라 부르는 것은 문명이 있기 때문이다. 특히, 현대문명은 산업혁명에서 비롯된 것이다. 1차 산업혁명은 석탄의 대량 소비 방법을 알아냈기에 가능했던 것이고 2차 산업혁명은 석유의 대량 소비 방법을 찾아냈기에 가능했기 때문이다. 현대문명은 바로 화석연료에 기반한 에너지혁명과 동일어이다.

문명의 발달과 그에 따른 화석연료의 대량 소비는 뜻밖에 기후위기를 유발하였고, 인류는 이제 지속가능한 미래를 위하여 녹색에너지와 기후기술이라는 새로운 길을 찾아나서야 한다. 저자들은 그 길에서 만나게 될 다양한 주제에 대해 다년간의 현장 경험과 지혜를 바탕으로 최선의 답을 제시하고 있다. 기후위기와 에너지에 관심있는 독자들에게 기꺼이 이 책을 추천한다.

- 전의찬(세종대학교 석좌교수, 전 탄소중립위원회 기후변화위원장)

오랜 시간 에너지 분야를 함께 고민해온 두 저자는, 현장의 경험과 정책적 통찰을 균형 있게 담아낼 줄 아는 보기 드문 실천가들입니다. 이 칼럼집은 기술과 제도, 사람과 현장을 아우르며, 복잡한 에너지 이슈를 누구나 이해할 수 있도록 풀어냅니다.

한 편 한 편의 글에는 현장을 향한 애정과 미래를 향한 책임감이 고스란히 담겨 있습니다. 에너지 전환의 길 위에서, 우리가 함께 걸어야 할 방향을 고민하는 모든 이들에게 이 책을 추천합니다. 이 책은 단순한 기록이 아니라, 다음 시대를 여는 대화의 시작입니다.
- 박종배(건국대학교 전기공학과 교수, 2026년도 대한전기학회 회장)

다양한 에너지 전문가 그룹이 있지만 목소리를 잘 내지 않는 그룹이 정책 집행 분야 에너지 전문가들이다. 이들은 법률, 제도, 전략, 규정 등 각종 정책 수립 과정을 지원하고 막대한 위탁 예산을 빈틈없이 집행하며 기업과 국민 고객을 직접 만나면서 현장에서 전문성을 갈고 닦았다. 현장 전문가들의 식견과 통찰력은 에너지 업계 종사자들과 학생들이 지속가능한 에너지 미래를 개척하는데 도움이 될 것이다.
- 이상훈(한국에너지공단 이사장)

정책의 현장을 꿰뚫는 통찰과 과학의 원리를 아우르는 통합적 시선이 이 책의 가장 큰 강점이다. 탄소중립과 에너지 안보라는 복합 과제를 풀기 위해 우리는 이런 균형 잡힌 접근이 필요하다. 에너지 전환을 고민하는 정책 입안자와 에너지 분야 종사자에게 꼭 권하고 싶은 책이다.

― 최영록(UNIST 기술경영전문대학원 원장)

에너지는 요즘 그 어떤 산업보다도 변화가 빠르게 나타나는 분야이다. 열역학 법칙 아래 있는 터빈과 보일러의 시대는 상상할 수 없었던 새로운 기술과 경제, 사회현상이 나타나고 있다. 그래서 현장의 판단이 중요하다.

이 책의 저자들은 현장에서 매일 고민하고 문제를 해결하기 위해 치열하게 움직이면서도 오랜 경험에서 나오는 지혜와 통찰을 글로 전달하고 있다. 우리나라 에너지의 오늘과 내일이 궁금한 분들이라면 누구나 재미있게 읽을 수 있을 것이다.

― 김윤성(에너지와 공간 대표)

기후 위기와 에너지 전환의 거대한 물결 속에서 현장의 최고 전문가들이 깊은 통찰과 정확한 정보를 제공한 기고 모음집입니다. '인간과 에너지', '녹색에너지', '전력망', '산업 및 기술', '지정학' 등 5가지 주제를 통해 에너지 전환의 복잡하고 다층적인 현실과 미래 가능성을 경험과 혜안으로 풀어냈습니다.

단순 정보 전달을 넘어 실용적인 정보와 정책 제언이 담겨 있어 에너지 분야 종사자뿐 아니라 지속 가능한 미래를 생각하는 분들에게 실질적인 도움이 될 것입니다.

- 노상양(前 한국에너지공단 신재생에너지센터 소장)

한국에너지공단에서 함께했던 두 필자는, 눈앞의 과제를 마주할 때마다 익숙한 답에 머무르기보다 과감하게 사고의 틀을 깨고 새로운 길을 모색하던, 참으로 용기 있는 후배들이었습니다. 이 칼럼집은 그들이 오랜 시간 에너지 분야에서 쌓아온 깊이 있는 지식과 현장 경험이 고스란히 담겨있는 기록입니다.

복잡하고도 어려운 에너지 이슈들을 쉽고 흥미롭게 풀어낸 글들 곳곳에는, 문제의 본질을 꿰뚫는 통찰과 에너지문제를 대하는 진정성을 느낄 수 있습니다. 에너지의 미래를 함께 고민하고 동행하고자 하는 모든 이들에게 꼭 권하고 싶은 책입니다. 선배로서, 그리고 한 명의 독자로서 이 책을 오랫동안 곁에 두고 읽기를 추천합니다.

- 김성수(한국공학대학교 융합기술에너지대학원 교수)

에너지는 더 이상 전문가들만의 화두가 아닙니다. 이 책은 복잡하고 기술적인 에너지 이슈들을 일상 속 이야기처럼 풀어내, 일반 독자도 쉽게 이해할 수 있도록 돕습니다. 오랜 시간 에너지 산업 현장에서 고민해온 저자의 통찰이 담긴 이 칼럼집은, 지금 우리가 마주한 에너지 전환 시대에 꼭 필요한 나침반입니다.

– 최영준(씨투이 CTO, 공학박사)

30년의 시간 속에서 쌓아온 실천과 통찰의 기록이다. 에너지 전환의 길목에서 함께 고민하고 걸어온 두 저자의 시선이 이 책을 읽는 우리 모두의 미래 방향을 밝힙니다.

– 염성오(Gurin Energy 한국 부대표)

30년 동안 에너지 산업과 정책의 한복판 길을 우직하게 걸어오신 선배들의 열정과 에너지가 이 책에 담겨있습니다. 치열한 현장의 일선을 묵묵히 걸으며 쌓으신 통찰과 애정, 책임감이 잔뜩 묻어남을 알 수 있습니다. 국가 에너지 정책 방향과 우리가 고민해야 할 진지한 물음까지 묵직하게 담겨 있어 감히 일독을 권해봅니다.

– 배준경(한국에너지공단 노조위원장)

Energy

the five roads

CONTENTS

프롤로그   4

추천의 글   8

CHAPTER 1 General

인간과 에너지   20

脫 석유, 어려운 이유는?   24

에너지안보와 기후위기 대응의 양날개 :
재생에너지와 에너지효율화   28

'문명의 이기' 에어컨과 기후위기   32

보이지 않는 자원, 에너지효율을 다시 본다.   36

전기세 유감(遺憾)   39

'역률'이라 읽고 '사상체질'이라 이해한다.   42

전류전쟁(電流戰爭)   45

CHAPTER 2 Green

애플·TSMC·삼성전자와 재생에너지 리스크   50

RE100도 벅찬데 아예 '무탄소 전력' 도전하는 구글   54

에너지 시장 새 바람 일으키는 해상풍력   58

덴마크 해상풍력 역사로 본 우리의 과제   62

대만 포모사 해상풍력 단지로 본 내러티브의 힘   66

태양광 산업에 볕이 들려면	70
절수(節水)는 에너지다 : 캘리포니아에서 배우는 지속가능 전략	74
범 국가적 탄소중립 실현 위해 학교 시설 통한 환경생태 교육을	77
수열에너지 : 지속가능한 냉난방의 열쇠	81
인공지능(AI)으로 펼쳐질 재생에너지 산업의 미래	84

CHAPTER 3 Grid

전기가 남으면 땅속으로 꺼진다고요!?	90
재생에너지 확대와 전력공급의 안정성	93
전력 섬, 대한민국	97
전기는 넘치는데, 전기 길은 막혔다.	101
스페인 대정전이 남긴 경고 : 다음은 우리일 수 있다.	104
미래 산업을 위한 미국의 전력망 구축 시사점	107
에너지 지산지소(地産地消)를 위한 분산에너지 시스템 구축	112
난이도 높아진 전력망 운영 해결사로 등장한 AI	115
전통 발전소를 넘어 : VPP의 가능성과 도전	119
전기화, 에너지 전환의 중심축이 된다.	122
전력망의 유연성을 높이는 ESS : 지역과 시간 맞춤형 솔루션	126
열과 전기의 동시혁명, CHP의 미래	130
열에너지, 분산에너지에서 해답을 찾다.	133
섹터커플링 : 통합 에너지 그리드의 시작	136

CHAPTER 4 Growth

해외시장서 존재감 커진 K-재생에너지	142
수소경제도 에너지 확보가 관건이다.	146
철강 산업의 저탄소화	149
어렵지만 시급한 시멘트산업의 탄소감축	153
시나브로 전기차 시대	157
부유식 해상풍력을 차세대 산업으로 키워야	161
여성의 리더십이 필요한 에너지 산업	165
테슬라의 꿈, 현실이 되다. 그러나 아직 끝나지 않았다.	169
기술은 준비됐다. 이제 시장이 응답할 차례다.	172

CHAPTER 5 Geopolitical

우리는 여전히 화석연료 시대에 살고 있다.	178
산유국이 주도하는 기후변화 당사국 총회의 아이러니	181
트럼프 당선이 기후위기 대응에 미칠 영향	185
온실가스 국제감축사업에 거는 기대	188
항공기·선박·군 장비 탄소중립 해법은 '인공석유'	192
자원안보특별법과 재생에너지	196
에너지 지방 시대 : 분산에너지 특화지역이 열어가는 새로운 길	200

일론 머스크의 화성 프로젝트와
우리나라 우주 에너지 기술의 미래 204
미래 에너지를 찾아 우주로 207

에필로그 210

General
Green
Grid
Growth
Geopolitical

CHAPTER

1

General

인간과 에너지, 철학과 인식의 전환

에너지는 기술 이전에 삶의 방식입니다. 불을 피운 이후 인간의 뇌는 커졌고, 식사 시간을 줄여 여유를 얻게 되었습니다.
이 장에서는 에너지를 어떻게 인식해왔고, 그것이 우리의 생활과 철학, 인프라에 어떤 영향을 주어왔는지를 조망합니다.
때로는 전기요금을, 때로는 '전류전쟁' 같은 역사 속 에피소드를 통해, 우리는 에너지를 다시 '사람의 문제'로 바라봅니다.

인간과 에너지

에너지를 얻기 위해 식물은 광합성을 하고, 동물은 먹잇감을 찾아 헤맨다. 인간은 최상위 포식자로서 식물과 동물을 먹음으로써 탄수화물, 지방, 단백질과 같은 영양소를 보유한 화학적 에너지를 섭취한다. 이를 열에너지(체온 유지), 기계에너지(신체 활동), 전기에너지(신경전달)로 변환하여 생명을 유지한다.

인간은 다른 동물과 비교해서 입이 작고, 이는 왜소하며, 턱은 빈약하다. 질긴 날고기를 먹는 대신 불로 구워 부드럽게 만들어 먹었기 때문이다. 침팬지는 음식을 먹는데 하루 6시간 정도를 사용한다. 음식을 익히면 먹는 시간이 크게 단축된다. 우리는 음식 먹는 시간을 줄여 다른 활동에 사용할 시간을 벌게 되었다.

익힌 음식은 소화가 쉬워 내장도 작아지는데, 이 때문에 먹는데 소비하는 에너지도 줄어든다. 대신 뇌가 커졌다. 뇌는 몸무게에서 차지하는 비중이 2.5%에 불과하지만, 소비하는 에너지의 양은 5분에 1에 이른다. 불이라는 에너지를 이용함으로써 우리 몸은 에너지 소비 효율이 좋은 구조가 되어 뇌 사용량을 늘릴 수 있다.

높은 효율은 가끔 안 좋은 방향으로 작용하기도 한다. 가을이 지나고 날씨가 추워지면 우리 몸은 말초혈관을 수축시킨다. 열 손실을 막아서 체온을 유지하기 위함이다. 이로 인해 혈압이 올라가고 심근경색증, 뇌졸중과 같은 심뇌혈관 사고가 늘어난다. 겨울은 고혈압 환자에게 시련의 계절이다.

선진국에 사는 대부분의 사람은 영양 과잉 상태이다. 이 때문에 효율이 좋지 않은 사람이 유리한 측면도 있다. 식사를 하면 체온이 상승한다. 이를 식사 유발성 체열 생산(DIT)이라고 한다. 체내에 흡수된 영양분이 분해되어 그 일부가 신체활동이 아닌 체온으로 소비되는 것이다. 필자와 같이 많이 먹어도 살이 찌지 않는 사람은 이 DIT가 높다.

산업혁명 이전에는 사람과 동물의 근육을 이용한 에너지를 제외하면 나무와 물, 바람이 주요 에너지원이었다. 나무로 불을 때서 음식을 조리하고, 난방을 해 추운 겨울을 견뎌 냈다. 때론 철을 제련하여 칼을 만들어 정복에 나서기도 했다. 물레방아는 물의 흐름을 이용해 곡물을 빻았다.

서양의 대항해 시대를 이끈 범선은 지구의 자전 때문에 발생하는 무역풍(Trade wind)이라 이름 붙은 바람을 에너지원으로 이용했다. 이름에서 알 수 있듯이 무역을 하던 범선이 이용한 바람이다.

바람을 이용한 항해는 남태평양 일대에 자리 잡은 폴리네시아인을 따라 갈 수 없다. 이들은 세계적인 대항해 민족으로 기원전 5천년 경

중국 대륙에서 대만으로 건너왔다. 이후 주민 일부가 태평양의 섬 곳곳으로 카누를 타고 이주했다. 지금도 대만 원주민과 폴리네시아인은 같은 오스트로네시아어족에 속하는 언어를 사용한다.

좁은 섬에서는 많은 인구를 수용할 수 없다. 때문에 이들은 남는 인구를 카누에 태워 섬에서 쫓아냈다. 가혹한 환경의 바다 위에서 다른 섬을 찾을 때 까지 충분하지 않은 음식과 물을 가지고 견뎌내야 했다. 몸 안에 에너지를 충분히 저장하고 이를 효율적으로 사용할 수 있는 사람만이 살아남아 태평양 전체에 퍼지게 되었다. 칼로리가 풍부한 현대 사회에서는 비만이라는 부작용이 있기는 하지만, 이들은 에너지 소비 효율이 매우 높은 몸을 가지게 되었다.

바다 위에서의 삶은 근력도 매우 강하게 만들었다. 미국 프로레슬링과 일본 스모에서 폴리네시아인들은 두각을 나타내고 있다. 근육이 쉽게 붙고 살도 잘 찌는 덕분이다. 근육질 배우 드웨인 존슨도 폴리네시아인의 피가 흐른다.

인체의 열이나 움직임을 이용해 에너지를 만들기도 한다. 에너지 하베스팅이라 부르는 기술이다. 수십 년 동안 연구해 왔지만 아직은 초보적인 수준에 머물러 있다. 인체 에너지를 얻을 때 인체의 정상적인 활동에 영향을 주어서는 안 된다는 것이 연구의 전제 조건이다.

특수 제작한 티셔츠는 인체의 열 에너지를 수집하는 데 사용할 수 있으며, 신발은 발 움직임의 기계적 에너지를 수집하는 데 사용할 수 있다. 의류 외에도 인체 에너지를 활용한 스마트 팔찌, 스마트 안경과 같은 웨어러블 기기들을 개발하고 있다.

   이처럼 에너지는 인간의 몸과 역사에 지대한 영향을 끼쳤다. 과학자들은 인간을 연구하여 에너지에 관한 법칙을 찾아내기도 했다. 인간의 몸 자체가 에너지를 생산하고 소비하는 곳이기 때문이다. 글을 쓰는 이 시간에도 필자는 저녁에 먹은 콩나물밥에서 얻은 에너지를 소비하고 있다. 방 안의 전등불과 선풍기, 노트북이 사용하는 에너지는 제외하고서라도…

脫 석유, 어려운 이유는?

사우디아라비아의 초대 국왕인 이븐 사우드는 젊은 시절 왕국의 전 재산을 낙타 안장에 싣고 다녔다고 한다. 그는 1932년에 사우디아라비아를 건국하고, 미국 석유회사에 석유개발을 맡기면서 막대한 부를 축적하며 중동의 맹주로 자리잡았다. 22개 부족을 통합하는 과정에서 혼인을 통해 왕국의 단결을 유지했다. 22명의 부인과의 사이에서 36남 13녀 등 모두 49명의 자녀를 뒀다. 장자 상속을 하면 한 부족이 권력을 장악할 수 있다는 점을 감안해 자신의 아들들이 전부 왕위에 오른 뒤에 손자들이 왕위에 올라야 한다는 형제 상속을 유언으로 남겼다. 이런 유언을 깬 것이 현재 사우디의 1인자 빈 살만 왕세자이다.

빈 살만은 왕세자에 오른 2017년에 왕자 11명과 전직 장·차관급 인사, 사업가 38명 등 500여 명 이상을 체포했다. 왕족들은 리츠칼튼 호텔, 그 외의 사람들은 메리어트 호텔에 감금되었다. 공식적인 이유는 부정부패, 횡령, 공권력 남용 등 다양했다. 경쟁자들을 숙청하고, 국가 방위부에 대한 통제권을 장악하면서 초대 국왕인 이븐 사우드 이래 가장 강력한 권한을 거머쥔 인물로 급부상했다. 숙청은 2019년 초까지 계속됐고 약 1070억 달러를 국고로 환수했다고 한다. 이를 토대로 빈 살만은 사우디 내에서는 원하는 모든 것을 할 수 있는 사람이라고 해서 '미스터 에브리씽(Mr. Everything)'이라는 별명을 얻었다.

빈 살만의 사우디는 석유에 지나치게 의존하는 경제 체제로는 성장에 한계가 있다는 점을 인지하고 2016년 10월 '비전 2030' 정책을 발표하며 탈석유 경제를 추진하고 있다. 이 정책의 일환으로 빈 살만 왕세자가 2017년에 발표한 신도시 계획이 '네옴 프로젝트'이다. 사우디 최서단 시나이 반도 근처에 '네옴'이라는 최첨단의 스마트 도시를 건설하는 것을 목표로 한다. 더 라인(The Line), 트로제나(Trojena), 옥사곤(Oxagon) 등이 이 스마트도시 프로젝트의 핵심사업으로 진행되고 있다.

더 라인(The Line)은 170km에 걸쳐 500m 높이의 초대형 건물 두 동을 200m 너비로 건설하는 초거대 도시개발 사업이다. 트로제나(Trojena)는 네옴의 산악 지대에 야외 스키장, 호텔, 인공호수를 포함한 초대형 산악 관광지를 개발하는 사업이다. 이 곳에서 2029년 동계 아시안 게임이 열릴 예정이다. 옥사곤(Oxagon)은 바다 위에 떠 있는 인공섬 복합 산업단지로 글로벌 기업들의 연구소와 공장 등을 유치할 계획이다.

이러한 국가 大개조 사업을 진행하려면 천문학적인 자금이 필요하다. 탈석유 경제를 추구하기 위해서 역설적이게도 고유가와 지속적인 석유 판매가 필요한 셈이다. 사우디는 감산을 통해 고유가를 유지하려 하지만, 미국 셰일 오일이 감산 효과를 무력화하고 있다. 셰일 오일 덕분에 미국은 세계 최대 원유 수입국에서 최대 수출국이 됐다.

기후위기 완화를 위해 석유와 같은 화석연료 사용을 줄이려는 국제 사회의 움직임에 대해서 사우디는 지속적인 반대 입장을 견지하고 있다. 글로벌 위트니스(Global Witness)는 제28차 기후변화협약 당사국총회(COP28)에서 사우디 대표단 중 최소 14명이 국영 석유회사인 아람코 직원과 이름이 일치한다고 보도했다. 당초 100개국이 넘는 국가들이 '석유, 가스, 석탄 사용의 단계적 퇴출(phase out)'을 합의문에 담기를 원했으나, 사우디의 적극적인 반대로 '화석연료로부터 멀어져 가는 전환(transition away from fossil fuels)'이라는 어정쩡한 문구에 합의했다. 사우디 에너지장관은 협상 결과에 대해 "화석연료의 즉각적이고 점진적인 폐기 문제는 묻혔다"며, "사우디의 원유 수출에 영향을 미치지 않을 것"이라고 평가했다.

지금 이 순간에도 세계 곳곳에서는 유전 탐사가 이루어지고 있다. 2020년 남미 북동쪽에 있는 가이아나라는 인구 78만 명의 작은 나라에서는 해상에서 발견한 유전에서 원유 생산이 시작돼 국민들이 기쁨을 감추지 못하고 있다. 인구가 적다 보니 1인당 매장량이 세계 최대 규모여서 전 국민에게 1인당 무려 5억 원 이상을 나눠줄 수 있는 양이라고 한다.

1859년 8월 석유에 미쳐 있던 드레이크 대령이 펜실베이니아 서부 협곡에서 석유를 발견했을 때 내지른 환호성은 석유 시대의 시작을 알리는 신호탄이었다. 그 후 석유는 평화시에나 전시에나 국가의 흥망성쇠를 좌지우지하는 영향력을 발휘했고, 20세기를 넘어 21세기에 들어

와서도 정치적, 경제적 측면에서 중요한 역할을 하고 있다.

2050년 탄소중립을 위해 온실가스를 줄이려는 국제 사회의 노력이 사우디를 포함한 산유국들 때문에 중단되지는 않겠지만, 탈석유를 향한 여정이 아직은 멀게만 느껴진다. "지구가 파괴되기 전에 우주를 식민지로 만들 방법을 인간이 터득하기를 희망한다"고 말한 물리학자 스티븐 호킹 박사의 경고를 되새겨본다.

에너지안보와 기후위기 대응의 양날개 :
재생에너지와 에너지효율화

오늘날 우리는 에너지 공급의 안정성을 확보하는 동시에 기후위기에 맞서야 하는 이중의 도전에 직면해 있다.

에너지안보는 국가의 경제적, 사회적, 군사적 활동을 뒷받침하기 위해 충분하고 신뢰할 수 있는 에너지 공급을 확보하는 일이다. 화석연료 사용으로 인한 이산화탄소 배출이 기후위기를 초래함에 따라, 에너지안보의 위협 범위가 환경적 측면까지 확대되었다. 에너지 시스템이 단순히 물리적 공급 중단뿐만 아니라, 기후변화로 인한 환경적 부담, 국제 에너지시장의 불안정성, 정치적 지렛대로 사용 가능성 등 복합적인 위협에 의해 더욱 취약해 질 수 있음을 의미한다. 우리처럼 에너지 대부분을 수입하는 국가에게는 이러한 변화가 더욱 절실하게 다가온다.

기후위기 또한 인류가 직면한 가장 심각한 전 지구적 과제이다. 파리협정은 지구 온도 상승을 1.5도 이내로 억제하기 위해 전 세계가 함께 노력할 것을 촉구하며, 모든 국가가 자발적으로 온실가스 감축 목표(NDC)를 설정하고 5년마다 상향을 검토하는 구속력 있는 체제를 마련했다. 우리나라 역시 2050년 탄소중립 로드맵과 2030년 국가 온실가스 감축 목표를 통해 이러한 국제적 흐름에 동참하고 있다.

에너지안보와 기후위기 대응이라는 복합적인 위기를 동시에 해결할 수 있는 핵심적인 수단이 바로 재생에너지와 에너지효율화이다. 이 둘은 단순히 개별적인 해결책이 아니라, 상호보완적인 관계를 통해 강력한 시너지를 창출하며 지속가능한 에너지 시스템 구축에 기여한다.

먼저, 재생에너지는 에너지안보를 강화하고 기후위기에 대응하는 데 필수적인 역할을 한다. 태양광, 풍력 등 자연에서 지속적으로 공급되는 재생에너지는 화석연료 수입 의존도를 획기적으로 낮춰 국제유가 변동성 및 자원부국들의 정치적 지렛대 행사로부터 발생하는 경제적, 정치적 취약성을 감소시킨다. 또한, 재생에너지는 온실가스 배출이 없어 탄소 저감의 핵심 열쇠로 작용한다. 재생에너지는 간헐성이라는 과제를 안고 있지만, 에너지저장장치(ESS)나 서로 다른 재생에너지를 결합하는 방식 등을 통해 안정성과 경제성을 확보할 수 있다.

다음으로, 에너지효율화는 '지속가능한 글로벌 에너지 시스템의 첫 번째 연료'로 불릴 만큼 중요한 역할을 한다. 동일한 에너지를 투입하여 더 많은 서비스나 생산량을 얻거나, 동일한 서비스를 제공하면서 더 적은 에너지를 사용하는 것을 의미하는 에너지효율화는 에너지 사용량을 줄여 온실가스를 감축할 뿐만 아니라, 가계와 기업의 에너지 비용을 절감하는 경제적 이점도 제공한다. 이에 따라 세계 각국은 제로에너지 건축물, 가전기기 효율기준 강화, 자동차 연비기준 강화 등 과감한 정책을 추진하고 있다.

여기서 중요한 점은 재생에너지와 에너지효율화가 서로를 보완하며 시너지를 창출한다는 것이다. 에너지효율화는 전체 에너지 수요를 줄여 재생에너지 발전의 필요 용량을 감소시키고, 간헐성 문제를 완화하여 전체 시스템의 안정성과 경제성을 높인다. 즉, 에너지효율화는 재생에너지 보급 확대 시 발생하는 제약을 극복하고, 궁극적으로 더 높은 재생에너지 비중 달성을 가능하게 하는 핵심적인 촉매제 역할을 한다. 재생에너지 공급을 늘리는 동시에 에너지효율화를 통해 에너지 수요를 줄이는 노력이 함께 이루어져야 지속가능한 에너지 전환이 가능하다.

덴마크는 기후·에너지·유틸리티부 산하의 에너지청(DEA)을 중심으로 재생에너지와 에너지효율을 통합하는 정책을 적극적으로 추진하고 있다. 덴마크는 세계 최고의 재생에너지 강국이며, 2030년까지 탄소 배출량을 1990년 대비 70% 감축하고자, 전력 소비 전체(100%)와 총에너지 소비의 50% 이상을 재생에너지로 공급하는 목표를 수립했다. 또한, 전력, 열, 수송 등 다양한 에너지 부문을 연계하는 '섹터 커플링(Sector Coupling)'과 같은 통합적 접근법을 적극 추진하여 에너지안보와 기후위기 대응을 효과적으로 추진하고 있다.

새는 양날개가 있어야 날 수 있다. 마찬가지로 재생에너지와 에너지효율화는 서로의 한계를 보완하고 강점을 극대화하여, 에너지안보 강화와 기후위기 대응이라는 두 가지 목표를 동시에 달성하는 데 필수적인 상호보완적 관계를 형성한다. 재생에너지가 친환경적이고 자립적인 에너지원을 공급한다면, 에너지효율화는 그 에너지를 낭비 없이 사용하는 방식을 제공한다. 이들을 통합적으로 활용할 때, 에너지 공급과 소비 전반에서 구조적이고 지속가능한 에너지 시스템을 구축할 수 있다.

'문명의 이기' 에어컨과 기후위기

기후변화에 대해 회의적인 시각을 가진 사람들도 거의 반론을 제기하지 않는 사실이 있다. 바로 온실효과이다. 대기 중의 이산화탄소, 메탄, 오존 등과 같은 가스는 지구 표면에서 반사된 태양에너지를 흡수한다. 이로 인해 지구는 기온 변화 폭이 좁아 생명체가 살 수 있는 환경이 되었다.

금성은 이산화탄소가 대부분인 두꺼운 대기로 덮여 있는데, 평균기온이 섭씨 약 460도에 달한다. 태양 가까이 있어서 그렇기도 하지만, 온실효과가 높은 온도의 주된 원인이다. 대기가 거의 없는 수성은 기온이 하루에도 영하 200도에서 영상 400도까지 변한다.

화석연료 사용이 많아지면서 대기에 이산화탄소와 같은 온실가스 농도가 높아졌다. 이는 온실효과를 가속화하고, 그 결과 지구 표면의 평균 온도가 올라갔다. 온실효과는 복잡한 기후 모형이 아닌 기본적인 열역학 원리로 설명이 가능하다.

2022년 유럽은 유례없는 폭염을 겪었다. 폭염은 산불, 가뭄, 수천 명의 사망자를 일으키면서 큰 피해를 입혔다. 프랑스 전역의 수십 개 마을에서 최고 42도라는 기록적인 기온을 기록했다. 영국은 40.3도로 기록상 가장 더웠다. 런던의 더위는 전례가 없었기 때문에 국영 철도회사는 시민들에게 집에 머물고, 필요한 경우에만 여행할 것을 촉구하는 경고를 발령했다. 일부 주요 철도 노선은 한때 폐쇄되기도 했다. 유럽 가정에는 에어컨이 거의 없기 때문에 시민들이 경험하는 폭염은 더 심각하다.

기후변화에 관한 정부간 협의체(IPCC)는 연구결과에 대해 99~100% 가능성이 있으면 '거의 확실함(virtually certain)', 90~100%는 '매우 높음(very likely)', 66~100%는 '높음(likely)' 등으로 표현한다. 2021년 발표한 6차 보고서에서 IPCC는 1950년대 이후 대부분의 육지에서 폭염 등 극한고온의 빈도가 많아지고 강도가 높아지고 있다는 것이 거의 확실(virtually certain)하다고 기술하고 있다. 2022년과 같은 폭염을 예견한 것이다.

무더위를 겪을 때는 에어컨이 20세기 최고의 발명품이라는데 대부분 동의할 듯 하다. 에어컨은 1902년 미국의 엔지니어인 캐리어가 발명했다. 싱가포르의 국부인 고(故) 리콴유 총리는 생전에 언론 인터뷰에서 싱가포르의 성공을 가능하게 한 것으로 에어컨을 꼽았다. 그는 "총리가 되고 나서 가장 먼저 한 일은 공무원이 근무하는 건물에 에어컨을 설치한 것이었다"고 밝히기도 했다.

밝은 면이 있으면 어두운 면도 있기 마련이다. 2018년 발간된 국제에너지기구(IEA) 보고서에 따르면, 에어컨과 선풍기는 전 세계 건물에서 사용되는 전력의 약 5분의 1을 차지하며, 전 세계 전력 사용량의 10%를 차지한다. 우리나라의 에어컨 보유 가구 비율은 2018년 86%로 일본(91%), 미국(90%) 등과 함께 매우 높은 수준이다. 많은 개발도상국의 소득과 생활수준이 향상됨에 따라 더운 지역의 에어컨 수요 증가가 급증할 것으로 예상된다.

우리는 아직 온실가스를 배출하는 화석연료 시대에 살고 있다. 2021년 세계 1차 에너지 사용량의 약 82%는 석유, 석탄, 천연가스와 같은 화석연료가 차지했다. 수력을 제외한 재생에너지는 6.7%에 불과하다.

삶의 질을 유지하면서 화석연료 사용을 줄이기 위해서는 재생에너지를 늘리고, 건물의 단열이나 에어컨의 냉방효율을 높여 나가야 한다. 필자는 당장 온실효과를 완화하는데 조금이나마 기여하고, 건강한 여름을 나는데 도움이 될 만한, 그리고 모두 알 만한 몇 가지 팁을 소개하고자 한다.

여름철 적정 실내온도는 26도다. 바깥과의 온도 차이가 너무 나면 우리 몸이 적응을 못하고 냉방병에 걸리기 쉽다. 실외와의 온도 차이는 5도 이내가 적정하다.

중학교 과학 수업에서 배웠듯이 전구는 열을 발산한다. 불을 끄면 집을 식히는데 도움이 된다. 전구와 마찬가지로 전기 제품도 열을 발산하므로 사용하지 않는 것은 모두 끄는 것이 좋다. 대기전력 차단장치가 없는 경우에는 플러그를 완전히 뽑는 것이 좋다. 대기모드는 계속해서 에너지를 소모하고 열을 발생시키는 '뱀파이어 파워'이기 때문이다.

실내에서 식물을 키우면 집을 식히는 데 도움이 될 수 있다. 대기가 가열되면 식물은 잎에서 수분을 공기 중으로 방출하여 스스로와 주변 환경을 식힌다. 고무나무, 중국 상록수, 산세베리아, 벤자민 고무나무와 같은 것들이 좋다고 한다.

필자에게 가장 중요한 팁은 사실 마음가짐이다. 더위를 많이 타는 사람들에게는 유감이지만, 여름은 원래 덥다. 낮에 땀 흘리고 자기 직전에 찬물로 시원하게 샤워한 후에 선풍기 틀고 자리에 눕는 것 또한 소소한 행복이다.

보이지 않는 자원, 에너지효율을 다시 본다.

필자가 지금 다니고 있는 회사에 입사한 이후로 가장 자주 들은 단어는 단연 '에너지절약'이다. 1970년대 중동의 정치 불안으로 촉발된 두 차례 석유파동 이후, 우리에게 주어진 과제는 석유 수입을 줄여 국가 경제를 지키는 일이었다. "우리나라는 석유 한 방울 나지 않는다"라는 말은 기관장들의 인사말이나 각종 기고문에서 단골처럼 등장했다. 말 그대로, '에너지절약'은 단순히 아끼는 문제가 아니라, 우리나라의 생존이 걸린 중요한 전략이자 모든 국민의 책임이었다. 절약(節約)이라는 단어 자체가 무언가 굳은 결심을 담고 있는 것처럼, 꼭 필요한 곳에만 에너지를 쓰겠다는 다짐이었다. 그래서 에너지절약을 전문으로 담당하는 기관인 한국에너지공단(구 에너지관리공단)이 1980년에 설립되면서, 에너지절약 정책이 본격적으로 시작되었다.

이후 '에너지효율'이라는 개념이 확산하기 시작했다. 에너지절약이 단순히 에너지를 아끼는 것을 말한다면, 에너지효율은 동일한 에너지 효용을 얻더라도 더 적은 에너지가 투입되는 것을 의미한다. 기술발전과 산업구조가 변화하면서 단순히 소비를 제한하고 억제하는 개념에서 더 똑똑하게 에너지를 만들고 사용하는 방향으로 바뀌면서 에너지효율이라는 개념이 확산되었다. 한국에너지공단의 효율등급제도, 고효율 인증제도와 한국전력공사의 고효율 조명기기 보급사업은 에너지효율이라는 단어를 대중적으로 알리는 데 큰 역할을 했다. 흥미롭게도, 전기를 많이 팔아야 이익일 것 같은 전력회사가 고효율기기를 보급한 점은 처음엔 의아하게 느껴질 수 있다. 그러나 전기 1kWh를 절감하면 발전소의 추가적인 건설이나 송배전설비 증설을 줄이거나 지연시킬 수 있다. 이를 '회피비용(avoided cost)'이라 하며, 전력회사의 입장에서도 경제적 이익이 되는 구조다.

효율향상은 전기 판매량 감소가 아니라 시스템 전체의 비용 최적화로 이어진다. 이 같은 논리에 기반하여 미국, 유럽 등 여러 선진국에서는 고효율 제품과 기술 보급을 의무화하는 EERS(Energy Efficiency Resource Standard) 제도를 운영하고 있다. 이는 우리나라 재생에너지 분야에서 추진하고 있는 RPS(Renewable Portfolio Standard)와 유사한 개념의 의무제도라고 말할 수 있다. 최종 에너지의 효율향상은 궁극적으로 공급 측의 에너지 투입량을 줄일 수 있으며, 시스템 비용을 줄이고, 무엇보다도 공급 측뿐 아니라 수요 측에서도 에너지전환을 유도하는 방식이라 할 수 있다.

신재생에너지 공급 확대나 에너지효율 향상을 통한 절감 효과를 평가하려면, 무엇보다 그 양을 정확히 측정하고 인증하는 것이 중요하다. 인증된 절감량은 시장에서 거래 가능성을 가지며, 경제적 가치로 연결될 수 있다. 신재생에너지의 경우 LCOE(Levelized Cost of Electricity, 균등화 발전원가)를 활용해 발전 단가를 산출하고 국가 간, 기술 간 비교를 통해 정책 수립의 기초자료로 활용한다. 이와 유사하게,

에너지효율 분야에서는 CSE(Cost of Saved Energy, 수명주기 에너지 절감비용)라는 개념이 존재한다. 이는 절감된 에너지양 대비 총비용을 수명주기 관점에서 계산하는 방식이다. 우리나라 일부 프로젝트에서는 이러한 값을 도출하고 있지만, 아직 국가 차원의 정량적 분석이나 통계 기반 정책 설계는 부족한 상황이다.

에너지효율은 동일한 에너지 서비스를 유지하면서 기기의 성능을 높이거나 시스템을 개선해 에너지 소비를 줄이는 개념이다. 특히 우리나라는 에너지 수입 의존도가 높고, 에너지 공급에 많은 자원을 투입하고 있는 만큼, 효율향상은 가장 현실적이고 효과적인 자원임에 틀림없다. 그래서 에너지효율은 '퍼스트 에너지(first energy)'라고 불리기도 한다. 이제 에너지효율은 단순한 절약을 넘어, 에너지 시스템 전체의 구조를 건실하게 만드는 핵심 수단이 되어야 한다. 그리고 이 가치가 시장에서 거래 가능해진다면, 에너지효율은 이름 그대로 제1의 에너지로서 자리매김할 수 있을 것이다. 지금이야말로, 보이지 않던 에너지를 보이는 에너지, 즉 에너지 자산(asset)으로 바꿔야 할 때다.

전기세 유감(遺憾)

전기요금(電氣料金)을 '전기세(電氣稅)'라고 부르는 경우를 종종 볼 수 있다. "이번 달 전기세가 너무 많이 나왔네"라는 표현은 일상 속에서 낯설지 않다. 엄밀히 말하자면 틀린 말이지만, 대부분은 대수롭지 않게 넘긴다. 심지어 에너지 분야에 종사하는 사람조차 그런 표현을 쓰는 경우도 있다. '이거 뭔가 이상한데?'라는 생각이 들 때도 있다. 이 사소한 표현에는 우리가 전기라는 자원을 어떻게 인식하고 있는지가 고스란히 담겨 있다.

전기요금은 말 그대로 전기라는 재화를 사용한 만큼 지불하는 대가다. 물건을 사면 값을 치르듯, 전기를 쓰면 요금을 내면 되는 것이다. 반면 세금은 공공 목적을 위해 국가가 법에 따라 국민에게 부과하는 의무이다. 어떤 물건을 샀거나 서비스를 이용했기 때문이 아니라, 국가 운영을 위해 걷는 것이다. 전기요금은 세금이 아니다. 사용한 만큼만 내며, 쓰지 않으면 내지 않아도 된다. 물론 전기요금 고지서에는 '전력산업기반기금'처럼 세금 성격의 항목이 일부 포함되어 있지만, 전체 요금에서 차지하는 비중은 극히 작은 편이다. 전기요금 전체를 세금으로 오해해서는 안된다.

그럼에도 불구하고, 많은 사람들이 전기요금을 세금처럼 느낀다. 그 이유는 몇 가지로 설명할 수 있다. 우선, 전기는 누구에게나 필수적인 생필품이다. 냉장고, 조명, 노트북, 스마트폰 충전까지 현대인의 삶은 전기에 절대적으로 의존한다. 그런 필수재에 대해 요금을 내는 행위는 자연스럽게 '의무'처럼 받아들여진다. 마치 선택권 없는 고정비용, 즉 세금처럼 느껴지는 것이다. 또 하나는 한국전력이 공기업이라는 점이다. 정부가 운영하는 기업에 요금을 낸다는 사실은 전기요금을 일종의 공공부담금처럼 인식하게 만든다. 소득세나 재산세처럼 '국가가 정한 기준'에 따라 내야 하는 돈으로 받아들여지는 것이다. 여기에 언어 습관도 영향을 준다. 어릴 때부터 '전기세'라는 말을 들어왔다면, 굳이 의미를 따지지 않고도 그 표현을 자연스럽게 사용하게 된다. 하지만 어떤 단어를 쓰느냐는 단순한 언어 선택을 넘어, 그 말이 만들어내는 감정과 인식까지도 좌우한다. 전기요금이 오르면 우리는 '요금이 올랐다'라기보다는 '정부가 돈을 더 걷는다'라는 식으로 반응한다. 언어 하나가 정책에 대한 태도를 결정짓는 순간이다.

이러한 언어적 오해는 실제로 정책 논의에 영향을 미친다. 전기요금이 인상되면 세금이 오른 것처럼 받아들여지고, 그에 따른 불만은 정부를 향한다. 요금체계의 구조나 요인은 무시한 채 "왜 전기세를 올리느냐"는 비판이 쏟아진다. 그러나 전기를 만드는 데도 비용이 들고, 그 비용은 원재료 가격이나 환율 등 외부적인 요인에 따라 계속 바뀌게 된다. 그런데 전기요금을 정부가 인위적으로 억제하면 결국 한국전력이 손해를 보게 되며, 이 손해는 국민 세금으로 다시 메워지게 되는 것이다. 결국 전기요금과 세금을 제대로 구분하지 못해서 생기는 손해를 우리 모두가 떠안게 되는 셈이다.

 정확한 언어는 정확한 인식을 만든다. 우리가 '전기세'라는 표현을 아무렇지 않게 사용하는 순간, 이미 전기요금에 대한 오해는 시작된 것이다. 그리고 그 오해는 불필요한 논쟁과 왜곡된 정책 방향으로 이어질 수 있다. 작지만 중요한 변화는 여기서부터 출발한다. 다음에 누군가 "전기세 많이 나왔다"라고 말하면, 부드럽게 짚어주자. "전기요금 말하는 거지?" 그 작은 수정 하나가 우리를 더 정확한 세상에 한 걸음 더 가까이 데려다줄 수 있을 것이다.

'역률'이라 읽고 '사상체질'이라 이해한다.

전기를 전공한 사람에게 역률(Power Factor)이 무엇인지 묻는다면, 대부분 "피상전력 대비 유효전력의 비율"이라고 답할 것이다. 일부는 저항성(R), 유도성(L), 용량성(C) 부하에 따른 전압과 전류의 위상차로 설명하며, 또 다른 이는 맥주잔 속 거품에 비유하기도 한다. 그러나 무효전력(거품)은 단순한 부가적인 요소가 아니라, 실제 전력망에 영향을 미치는 중요한 요소이다. 역률은 공식만 외우면 문제를 풀 수 있지만, 실제 현장에서의 역률 변화는 단순한 이론과 다르게 적용된다.

필자의 지인은 전력 품질을 중요하게 여기는 사업가로, "현장에서의 역률은 기존 개념과 다르게 적용되고 있다"는 점을 강조했다. 과거에는 지상 역률이 대부분이었지만, 최근에는 진상 역률로 되는 경우가 빈번해지고 있다. 이는 전자식 스위칭 소자의 증가와 밀접한 관련이 있다. LED, 인버터, AI 데이터센터 등 새로운 전기 부하들이 등장하면서 전력 품질이 저하되고 있으며, 이는 단순한 효율 문제를 넘어 전력 수용가뿐만 아니라 공급자인 한전 계통에도 악영향을 미친다.

과거의 전기 부하는 단순했다. 형광등은 코일형 안정기를 사용했고, 라디오는 콘덴서와 코일로 구성되었다. 하지만 이제는 LED 조명이 보편화되고, 무선 스피커 등 전자식 신호를 활용하는 부하가 증가했다.

이러한 변화로 인해 고조파가 발생하고, 전력망의 역률 특성이 변화하고 있다. 과거에는 유도성 부하가 많아 역률 보상을 위해 콘덴서를 사용했지만, 현재는 진상 역률이 문제 되는 경우도 발생하고 있다.

흥미롭게도, 역률 개념은 사상체질과 유사한 면이 있다. 사상체질은 이제마가 제시한 개념으로, 태양인, 소양인, 태음인, 소음인의 네 가지 체질을 설정하고, 이에 따라 성격, 생리적 특성, 병리학적 특성이 달라진다고 본다. 전기 부하도 체질처럼 각기 다른 특성을 가지며, 시간이 지나면서 변화한다. 나이가 들수록 신체 변화에 맞춰 건강 관리를 하듯이, 전력 부하도 환경과 특성에 맞는 적절한 대응이 필요하다.

역률의 개념 자체는 변하지 않지만, 이를 적용하는 방식은 기술 발전과 함께 변화하고 있다. 과거에는 유체 이송을 위해 유도전동기를 사용했지만, 이제는 인버터 제어를 통한 효율적 운전이 이루어지고 있다. 또한, 최근에는 AI 데이터센터와 같은 초고출력 부하가 등장하며, 기존 전력 시스템이 고려하지 않았던 새로운 역률 문제가 발생하고 있다.

이제 역률을 다시 한번 생각해볼 필요가 있다. 전기 부하 변화에 따른 실태조사가 필요하며, 엔지니어에 대한 역률 관리 교육도 강화되어야 한다. 또한, 대학교재에도 변화된 역률 사례를 포함하고, 관련 규정과 기술 기준이 정비되어야 한다. 전력 환경이 변화하는 만큼, 올바른 역률 관리가 이루어지길 기대한다.

- 역률(Power Factor) = 역률은 공급된 전기 중 실제로 일을 하는 전기의 비율
- 유효전력(P) = 실제로 유용하게 사용되는 전력
- 무효전력(Q) = 에너지의 흐름을 유지하지만 실질적으로 사용되지 않는 전력
- 피상전력(S) = 유효전력과 무효전력을 포함한 전체 전력

전류전쟁(電流戰爭)

"교류가 이겼다."

한 세기 전, 전류전쟁을 정리하는 한 줄 요약은 이렇게 시작된다. 에디슨이 주장한 직류(Direct Current : DC)는 테슬라와 웨스팅하우스가 이끄는 교류(Alternating Current : AC)에 밀려 전력의 세계에서 사라지는 듯했다. 하지만 역사의 경쟁은 여기서 멈추지 않고 놀라운 진화를 거듭하였다. 스마트폰을 충전하고, 태양광을 설치하며, 전기차에 플러그를 꽂는 우리가 사는 시대는 직류의 가능성을 다시 마주하는 시대다. 전류전쟁은 과거의 역사가 아니라, 미래의 전력시스템 설계를 좌우할 현실이 되었다.

19세기 말, 초기 전력산업이 막 태동하던 시기에 벌어진 직류와 교류 사이의 치열한 경쟁은 단순히 기술적인 승패를 넘어서, 그 시대의 전력시스템 발전을 결정지은 중요한 전환점이었다. 직류 방식은 초창기 전력시스템에서 널리 사용되었으나, 송전 거리가 제한적이라는 치명적인 단점이 있었다. 전압 변환이 어렵기 때문에 발전소를 수요지 가까이 세워야 했고, 장거리 송전 시 전력 손실이 커 효율성이 낮았다. 그러나 교류 방식은 변압기를 이용해 전압을 조정할 수 있었고, 이를 통해 장거리 송전이 가능하며 손실을 최소화하는 기술적 우위를 확보했다.

1893년 시카고 만국박람회에서 웨스팅하우스와 테슬라가 교류 시스템을 성공적으로 시연하면서 대중의 신뢰를 얻었고, 교류는 전력산업의 표준이 되었다.

교류의 승리는 단순히 기술적 우위만이 아니라 경제성, 안전성, 그리고 전략적 마케팅이 복합적으로 작용한 결과였다. 에디슨의 직류 방식은 초기에는 안정적인 공급이 가능했지만, 발전소와 수요지 간의 물리적 거리 문제를 해결하지 못했다. 반면, 교류는 변압기를 통해 다양한 전압으로 변환할 수 있어 송전 비용을 절감하고 대규모 전력망 구축을 가능하게 했다. 그 결과, 전력망은 교류 중심으로 발전했고, 오늘날 대부분의 전력망에서 교류가 사용되고 있다. 직류 송전은 최근 기술 발전으로 다시 주목받고 있지만, 19세기 당시 전력 인프라의 발전을 결정지은 핵심 요소는 교류의 장거리 송전 가능성이었다.

하지만 이제는 단순히 '멀리 보내는 전기'만큼이나 '효율적으로 사용하는 전기'가 중요해졌다. 게다가 오늘날의 주요 에너지 기술과 첨단 전기 기기들은 대부분 직류 기반이다. 태양광, 배터리, 전기차, 데이터센터 등 현대 사회의 다양한 전기 기술은 직류 방식을 선호한다. 심지어 우리가 매일 사용하는 스마트폰, 노트북, 그리고 가전제품 내부의 전자 회로도 직류로 작동한다.

전력망은 여전히 교류 기반이지만, 새로운 전력사용 장치들은 점차 직류로 작동하고 있다. 전력 사용 패턴이 다변화되면서 전기 시스템은 더 이상 단일한 구조로 구성될 수 없다. 고효율, 고정밀, 고품질 전력을 요구하는 환경에서는 직류의 강점이 더욱 두드러진다. 직류의 장점이 부각되면서, 전력 시스템은 AC와 DC가 경쟁하는 구조가 아닌, 각기 다른 역할을 분담하고 공존하는 구조로 재편될 것이다. 기존의 송배전망은 교류를 기반으로 유지되며, 대규모 송전이나 장거리 연계는 HVDC(고압직류송전)가 맡고, 국지적 부하가 있는 곳에는 DC 마이크로그리드나 직류 배선이 적용될 수 있다. 이를 위해서는 보호 시스템, 직류용 변환장치, 표준화 등의 기술적 기반이 함께 발전해야 한다.

전류전쟁은 더 이상 '어떤 전류가 우월한가'를 두고 벌어지는 전쟁이 아니다. 미래의 전력 시스템은 '어떤 조합이 최선인가'를 고민하는 문제로 진화했다. 교류는 여전히 전력 시스템의 뼈대이지만, 직류는 빠르게 근육을 형성하고 있다. AC와 DC는 이제 양자택일의 대상이 아니라, 함께 최적의 에너지를 구성해야 할 파트너가 되었다. 전류전쟁은 끝난 것이 아니라, 새로운 형태로 진화하고 있다.

G
eneral
reen
rid
rowth
eopolitical

CHAPTER

2

Green

지속가능한 미래, 녹색에너지의 길

바람과 태양은 무한하지만, 그것을 사용할 준비가 되어 있는가?
Green 파트는 재생에너지의 기술적 진보뿐 아니라, 기업의 전략, 교육 현장의 실천, 수자원의 지속가능성까지 포괄합니다.
이 장은 우리가 흔히 '기술'이라 말하는 것 뒤에 존재하는 선택과 책임, 그리고 새로운 시선을 담고 있습니다.

애플·TSMC·삼성전자와 재생에너지 리스크

애플의 아이폰 13 프로는 전 세계 여러 국가의 합작품이다. 프로세서는 애플이 직접 개발하여 대만의 TSMC가 생산하고, 디스플레이는 우리나라의 삼성과 LG, 카메라는 일본의 소니, 5G 모뎀은 미국의 퀄컴, 배터리는 중국의 선와다가 만든다. 이처럼 글로벌 시대에 우리들이 사용하는 상품이나 서비스의 생산 과정에는 여러 국가가 참여하고 있다.

미국 하버드 대학교의 마이클 포터 교수는 피터 드러커, 톰 피터스와 함께 현대 경영학의 3대 대가로 평가받는 인물이다. 그는 1985년 '경쟁 우위'란 책에서 가치사슬 이론을 제시했다. 기업의 여러 활동들은 사슬과 같이 서로 연결되어 있다고 주장하며, 기업의 가치 창출에 직접적으로 기여하는 본원적 활동과 이를 돕는 지원활동으로 나누었다. 아이폰 뒷면에 조그맣게 표시되어있는 '캘리포니아에 있는 애플이 설계하고, 중국에서 조립(Designed by Apple in California, Assembled in China)'이라는 문구가 글로벌 가치사슬의 예를 잘 보여준다.

경제협력개발기구(OECD) 등 국제기구가 참여하여 작성한 세계산업연관표를 이용하면 가치사슬로 연결되어 있는 국제 무역의 결과를 부가가치 기준으로 측정할 수 있다. 즉, 어느 나라에서 얼마 만큼의 부가

가치가 창출되는지를 알 수 있다.

다시 아이폰으로 돌아가보자. 2009년 미국과 중국의 아이폰 무역수지를 보면, 표면적으로는 중국이 미국에 대해 19억 달러 흑자인 것으로 나타났다. 중국의 폭스콘이 여러 국가에서 수입한 부품들을 조립해서 미국으로 수출하기 때문이다. 그런데 부가가치 기준으로 보면 얘기가 달라진다. 주로 조립을 담당하는 중국의 무역수지 흑자는 0.7억 달러로 전체 부가가치의 3.9% 만을 차지하고, 주요부품을 생산하거나 연구개발(R&D) 센터가 위치한 일본이 6.8억 달러(36%), 독일은 3.4억 달러(18%), 한국은 2.6억 달러(14%)인 것으로 밝혀졌다.

애플은 2018년부터 사무실, 소매점, 데이터센터에서 사용하는 전기를 100% 재생에너지로 충당하고 있다. 더 나아가 전 세계에 구축한 가치사슬을 토대로 공급업체들에게 2030년까지 애플 제품을 생산할 때 재생에너지로 생산한 전기를 100% 사용하도록 요청하고 있다.

2015년 시작한 애플의 '공급자 청정에너지 프로그램'에는 2022년 3월 기준으로 25개 국가의 213개 공급업체가 참여하고 있다. 2021년에 급격히 늘어 100여개 공급업체가 새로 참여하였다. 우리나라도 SK하이닉스, 서울반도체, ITM반도체, 대상에스티가 참여하다가, 2021년에 LG디스플레이, LG에너지솔루션, 포스코, 삼성SDI, 범천정밀, 덕우전자, 영풍전자, 솔루엠 등 8개 기업이 새로 참여했다.

애플의 반도체 파운드리(위탁생산)를 거의 독점하고 있는 대만의 간판기업 TSMC는 애플의 요청에 따라 재생에너지 전기를 사용하기 위해 2020년 7월 덴마크 풍력발전 개발사인 오스테드와 재생에너지 전기 구매계약을 체결했다. 오스테드가 대만해협에 설치할 920MW 규모의 풍력발전 단지에서 생산하는 전기를 20년간 구매하는 계약이다.

대만도 우리처럼 국토가 좁고 산림이 많아 육상풍력을 설치하기가 만만치 않다. 대신 해상풍력으로 눈을 돌렸다. 2025년까지 5.7GW의 해상풍력을 설치하는 것을 목표로 하고 있다. 덕분에 삼강엠앤티, 현대스틸산업, LS전선, 씨에스윈드와 같은 우리 기업들이 하부구조물, 풍력타워, 해저 케이블 등을 납품하면서 수혜를 보고 있다. 2020년에만 1.9억 달러에 달하는 해상풍력 기자재를 대만에 수출했다. 2024년 대만에는 111개의 터빈으로 구성된 900MW 규모의 창화 해상풍력 단지가 준공되었다. TSMC에게는 재생에너지 전기를 공급받을 수 있는 길이 넓어지고 있다.

이제 삼성전자로 눈을 돌려보자. 삼성전자는 반도체 파운드리 시장에서 TSMC와 치열한 경쟁을 벌이고 있다. 압도적인 1위를 차지하고자 하는 TSMC와 이를 추격하는 삼성전자는 미세공정 개발을 위한 기술 경쟁을 벌이고 있다. 여기에 더해 서구의 기업들은 반도체와 같은 핵심 부품을 공급하는 삼성전자를 향해 재생에너지 전기 사용을 늘리라고 압박하고 있다. 삼성전자의 2022년 지속가능경영보고서에는 '고객의 재생에너지 사용 요구로 B2B 매출 감소'라고 리스크를 언급하고 있다.

삼성전자도 재생에너지 공급이 원활한 미국, 유럽, 중국에서는 이미 2020년부터 재생에너지 전기를 100% 사용하고 있다. 그러나 전기 사용량이 많은 반도체 핵심 생산시설이 자리잡고 있는 우리나라에서는 진행이 더딘 상황이다. 이래저래 삼성전자의 고민은 깊어지고 있다.

RE100도 벅찬데 아예 '무탄소 전력' 도전하는 구글

에너지 분야에서 RE100이 뜨거운 관심을 받고 있다. 더불어 CF100도 언급되는 횟수가 늘어나고 있다. 기업이 사용하는 전력의 100%를 2050년까지 재생에너지로 충당하겠다는 의지를 담은 RE100은 대중들에게 제법 많이 알려져 있지만 CF100에 대해서는 아직 생소하게 느낄 독자들이 많을 것이다.

우선 CF100은 공식 명칭이 아니다. 정확한 표현은 '24/7 Carbon Free Energy'이다. 따라서 지금부터는 24/7 CFE라고 하겠다. 이미 2017년에 RE100을 달성한 구글에서 새롭게 제시한 개념이다. 2020년 9월, 구글은 2030년까지 자사의 전 세계 데이터센터와 사무실을 하루 24시간, 일주일 내내 해당 지역의 전력망에서 생산되는 무탄소 에너지로 운영하겠다는 계획을 발표했다.

RE100이 기업의 1년간 전기 사용량에 대해 재생에너지로 조달하는 것을 목표로 한다면, 24/7 CFE는 각각의 사업장마다 해당 지역의 전력망에서 실시간으로 무탄소 에너지를 사용하는 것을 목표로 한다. 구글은 모든 데이터센터에서 1년간 사용하는 전력량 만큼 재생에너지를 구입하더라도, 실제로는 바람이 불지 않거나 태양이 비치지 않는 장소나 시간대에는 데이터센터 운영에 소요되는 전기를 석탄이나 가스 발전소와 같은 탄소를 배출하는 발전원에 의존해야 한다는 점 때문에 모든 장소와 시간대에서 무탄소 에너지로 데이터센터를 운영하겠다고 한 것이다.

구글은 이를 쉽지 않은 도전이라고 표현한다. 구글은 2017년부터 전 세계 데이터센터의 연간 전기 사용량의 100%를 재생에너지로 조달하고 있지만, 24/7 CFE 기준으로는 2019년 61%, 2020년 67%, 2021년 66% 만을 무탄소 에너지로 공급했다고 밝혔다.

24/7 CFE의 목표 달성도를 파악하기 위해서는 각각의 사업장의 시간대별 전기 사용량, 해당 전력망에서 자사가 계약한 청정 발전원의 시간대별 전기 생산량, 해당 전력망의 에너지 믹스를 파악해야 한다. 구글에서 제시하는 계산과정을 살펴보자. 11월 21일 오전 10시에 100MWh를 사용했는데, 그 중 계약한 청정 전기 생산량이 40MWh이고 전력망에서 60MWh를 조달한다고 가정해 보자. 그리고 전력망의 무탄소 에너지 비중이 50%라고 하면, 해당 시간대의 무탄소 에너지 사용 비중은 70%(= (40MWh + 60MWh × 50%) / 100MWh × 100)가 된다. 만약 계약한 청정 에너지 전기 생산량이 120MWh라고 하더라도 최대 100%까지만 인정한다. 그리고 시간대별 비율을 가중평균하여 1년간의 비율을 산정한다.

구글은 2021년 9월 UN-Energy, 지속가능에너지기구(Sustainable Energy for All) 등과 함께 '24/7 Carbon Free Energy Compact'를

출범했다. 이 콤팩트는 자발적 약속이며, 보고 요건도 별도로 없다. 시간을 할애해서 24/7 CFE에 관한 회의에 참석하는 것이 주요 요청사항이다. 향후 운영을 위한 거버넌스, 성과 산정 기준, 목표 등에 관한 것들을 구체적으로 정해야 하는 상황이다.

여기에는 에너지 수요기업뿐만 아니라, 정부, 투자사, 에너지 공급사, 협회, NGO 등이 폭넓게 참여할 수 있다. 2022년말 기준으로 100개 기관이 파트너로 참여하고 있는데, 에너지 수요기업으로는 구글, 마이크로소프트를 포함한 IT기업 네 곳이다. 주로 데이터센터를 운영하는데 전력을 소비하는 이들 IT기업들은 시간대별 전기 사용량이 일정하고 예측 가능하기 때문에 상대적으로 참여가 용이해 보인다. 전력사용 패턴이 일정하지 않거나 수요를 조정하기 어려운 제조업에 종사하는 기업들의 경우, 모든 사업장의 전기를 실시간으로 무탄소 에너지로 조달하는 것은 도전적인 목표가 될 것 같다.

전력망의 탈탄소화를 위해 구글은 최신형 원자력과 지열, 그린수소, 장주기 저장장치, CCS 기술을 발전시켜 나가는 한편, 전력 수요를 보다 지능적으로 관리할 필요가 있다고 제안한다. 예를 들면, 데이터센터에서 시급을 요하지 않는 작업들을 풍력, 태양광 발전량이 많은 시간대에 수행하는 것이다. 이를 위해서는 시간별, 지역별 전력 데이터를 바탕으로 AI와 IoT 기술을 이용하여 실시간 에너지 흐름을 잘 파악해야 한다. 39개나 되는 솔루션 제공 기업이 24/7 CFE에 파트너로 참여하고 있는 이유이기도 하다. REC와 같은 공급인증서도 현재는 해당 재생에너지가 어느 연도 또는 월에 생산된 것인지를 알 수 있는 정보를 제공하지만, 24/7 CFE를 위해서는 어느 시간대에 생산된 것인지를 알아야 한다.

미국 정부도 2021년 12월, 2030년까지 연방정부기관들이 무탄소 전기를 연간 기준으로는 100%, 실시간 기준으로는 50%를 조달하도록 하는 행정명령 제14057호를 내렸다. 이의 이행을 위해 미 연방조달청(GSA)은 제27차 UN기후변화협약 당사국총회 기간 중에 전력회사인 Entergy Arkansas와 MOU를 체결했다. 유럽에서도 유럽전력산업협회(Eurelectric)에서 24/7 CFE 촉진을 위해 European 24/7 Hub 사이트를 운영하고 있다.

국제에너지기구(IEA)에서는 최근 발간한 보고서에서 전력망의 탈탄소화를 위해 실시간 청정에너지 조달 전략을 소개하면서 24/7 CFE를 위해서는 청정 에너지, 에너지 저장장치, 수요반응 등이 필요하다고 제안하였다. 또한 2030년 인도와 인도네시아를 대상으로 분석한 결과, 다른 대안에 비해 24/7 CFE 달성에 소요되는 비용이 가장 많지만 전력망의 탈탄소화를 위해 다양한 기술을 활용할 수 있다고 분석하였다.

에너지 시장 새 바람 일으키는 해상풍력

바람은 태양 복사 에너지, 지구의 자전, 산과 들, 바다 등의 불규칙한 지표면 등 여러가지 요인들 때문에 발생한다. 기원전 3천년경 고대 이집트에서는 노 젓는 수고를 덜기 위해 배에 돛대를 세워 바람을 동력으로 이용하였다. 육지에서 바람을 동력으로 사용한 풍차의 역사는 천년 이상 거슬러 올라간다. 밭에 물을 대고 곡물을 빻고 물을 퍼 올리는 용도로 풍차를 이용하면서 고되고 시간이 많이 드는 노동이 크게 줄었다.

15세기에서 17세기까지의 대항해시대는 기술사적으로 범선 시대라고 할 수 있다. 한강 유람선 크기의 범선이 바람에만 의존해 세계의 바다를 누볐다. 당시 범선 항해에서 가장 두려운 것은 무풍지대였다. 적도와 북위 및 남위 30도 지점은 무풍지대가 존재하는 지역이다. 무풍지대로 인해 범선의 항해 경로는 매우 길었다. 유럽에서 북미로 향할 때는 서아프리카까지 내려가서 편동풍인 무역풍을 이용했고, 유럽으로 돌아올 때는 보스턴까지 올라간 다음 편서풍을 탔다.

바람으로 전기를 만드는 풍차는 미국의 찰스 브러시가 최초로 개발했다. 옥외 조명용인 브러시등은 에디슨 전구의 강력한 경쟁 상대였다. 1880년에 약 6천 개의 브러시등이 미국 곳곳을 밝혔다. 브러시등으로

브러시는 부자가 되었고, 클리블랜드에 있던 그의 집은 석유왕 록펠러 등의 거부들이 모여 살던 거리에 있었다. 1887년에 찰스 브러시는 자신의 집 뒷마당에 18m 높이의 풍차를 세워 지하실에 있는 발전기와 배터리에 연결하여 자신의 저택에 불을 밝혔다. 바람으로 전기를 생산할 수 있음을 보여준 성과였다.

현대적 풍력 터빈의 본격적 개발은 덴마크에서 이루어졌다. 덴마크의 양자 물리학자로 1922년에 노벨물리학상을 수상한 닐스 보어가 후원하여 설립한 리소국립연구소에서 풍력에 대한 연구를 주도했다. 보어는 영화 오펜하이머에서 나치 치하의 덴마크에서 미국으로 탈출해 오펜하이머의 스승으로서 원자폭탄 개발을 위해 여러가지 조언을 하는 인물로 나온다. 보어는 전쟁이 끝나고 코펜하겐으로 돌아와 원자력의 평화적 활용을 위해 연구소 설립을 주도했다. 여기서 개발한 덴마크 산 터빈은 미국 캘리포니아에 설치되었다. 1980년대 중반에 전 세계 풍력 개발의 90%가 캘리포니아에서 이루어졌다. 1987년에 캘리포니아에 설치한 새 터빈 중 90%는 덴마크제였다.

덴마크는 1991년 세계 최초로 해상풍력발전 단지도 개발했다. 국영 에너지기업인 오스테드가 덴마크 남부 롤랑드 섬의 얕은 바다에 11기의 해상풍력 터빈을 설치했다. 바다에 터빈을 설치하면 더 강한 바람을 더 자주 맞을 수 있다. 산이나 건물 같은, 바람의 흐름을 방해하는 장애물이 없기 때문이다. 해상풍력 터빈은 육로로 수송하지 않아도 되기 때문에 크기를 훨씬 더 키울 수도 있다. 육지에서는 3~4MW급을 설치하지만, 바다에서는 용량이 두 배가 넘는 8~12MW급까지 세우고 있다.

파리협정 제2조 1항은 각국의 모든 재원 흐름을 저탄소 발전에 부합하도록 규정하고 있다. 이는 앞으로 화석연료에 대한 투자를 하지 못하도록 하는 기본 원칙으로 작용한다. 전 세계적으로 팬데믹 이후 원자재 가격과 물가 상승, 높은 이자율 등으로 인해 해상풍력 산업이 어려움을 겪었으나, 이제는 중단되거나 지연된 사업들이 재개되고 있다.

우리나라는 삼면이 바다이고, 바람의 질도 좋은 편이다. 해상풍력을 야심차게 설치하고 있는 대만이 공급망 부족으로 어려움을 겪는 것과는 달리, 타워, 하부구조물, 해저케이블, 해양플랜트 시공 경험과 같은 산업도 잘 발달되어 있다. 우리나라에 진출한 해외 개발사들이 한결같이 꼽는 장점이다. 2024년 초 기준으로 상업용 해상풍력이 124.5MW에 불과하지만, 이보다 185배나 많은 약 27GW가 발전사업허가를 받은 상황이다.

해상풍력발전 단지의 운영 시에는 석탄, 가스 등의 타 전력생산 부문에는 필요한 연료비가 들지 않아 영업잉여 등의 부가가치가 크다. 부가가치는 국민소득계정의 국내총생산(GDP) 개념과 일치하므로 해상풍력 운영 부문과 같은 고부가가치 산업의 확대는 우리나라 GDP를 높이는데 기여할 수 있다. 터빈이나 전력변환장치 등에 대한 기술개발을 통해 국산화율을 높여간다면 해상풍력 설치 시의 경제적 효과도 더욱 커질 수 있다.

바람을 동력으로 이용한다는 점에서 현대 사회의 해상풍력은 대항해시대의 범선과 같다. 다른 점은 대항해시대의 범선이 식민지 수탈을 목적으로 세계를 누볐다면, 해상풍력은 자연이 주는 에너지를 기후변화 완화라는 인류 전체의 복리증진을 위해 평화롭게 사용한다는 점이다. 우리나라에서도 해상풍력이 탄소중립 시대의 주역이 되기를 희망한다.

덴마크 해상풍력 역사로 본 우리의 과제

덴마크는 풍력의 나라이다. 2023년에 전체 전력의 약 58%를 풍력발전으로 생산했다. 전체 민간부문 일자리의 약 2.3%가 풍력 산업 공급망에 속해 있다. 풍력발전 비중을 더욱 확대하여 2035년까지 최대 84%까지 증가시킬 계획이다. 폴 라쿠르(Poul la Cour)는 덴마크 풍력발전의 선구자이자, 계몽운동을 이끈 인물이다. 1891년에 풍력 터빈을 제작하여 전기를 생산했으며, 풍력을 활용하여 농업을 기계화하고 난방과 조명을 개선하고자 했다. 1918년에 약 2~3만개의 덴마크 농장에서 펌프, 전기톱, 분쇄기, 탈곡기 등을 구동하기 위해 소형 풍력 터빈을 사용했다.

2차 세계대전 동안에 에너지 부족을 경험한 덴마크는 중앙집중식 전기 생산을 위해 석탄 수입을 우선시했다. 그러나 동유럽에서의 석탄 수입은 불안정했고 서유럽의 석탄은 비쌌다. 당시 풍력으로 생산한 전기가 석탄이나 석유로 생산한 전기보다 두 배나 비쌌기 때문에 풍력발전이 관심을 끌지 못했다. 1963년 레이첼 카슨의 '침묵의 봄'이 출간되면서 환경의식이 높아지기 시작했다. 그러나 석유는 저렴하고 풍부하며 운송이 쉬워서 주력 에너지원이 되었다. 이런 가운데 1970년대의 오일쇼크는 충격이었다. 경제는 악화되고, 실업률이 치솟았다. 덴마크에서는 풍력발전에 대한 관심이 다시 커졌다.

1970년대에 덴마크는 초기 단계에 있던 풍력 산업을 지원하는 여러 조치를 시행했다. 1976년에 풍력발전에 대한 발전차액지원제도(FIT)를 도입했고, 덴마크 시험센터에서 인증받은 풍력 터빈에 대해 30%의 보조금을 지원했다. 1979년에는 당시만 해도 작은 회사였던 베스타스가 풍력 터빈을 대량 생산하기 시작했다. 유구한 협동조합 역사를 기반으로 풍력발전 협동조합이 조직되었으며, 전국으로 빠르게 퍼져나갔다. 1990년대 후반 덴마크에 있는 6,300기의 풍력 터빈 대부분은 협동조합과 개인 소유였다.

　풍력 터빈의 높이가 100m가 넘고 단지 규모가 커지면서 기술적, 법적 복잡성이 증가했다. 투자 규모와 리스크도 커졌다. 협동조합의 역할은 점차 줄어들었다. 역사적으로 덴마크 국민은 풍력발전 단지와 터빈에 대해 긍정적인 입장을 가지고 있었다. 그러나 점차 육상풍력발전 프로젝트에 반대하는 단체가 조직되었고, 풍력발전 단지에 대한 저항 소식이 뉴스에 자주 등장했다. 육상풍력 단지가 반대에 부딪히면서, 해상풍력 산업이 성장했다. 1987년에 해상풍력발전위원회가 설립됐다. 1991년에 세계 최초의 해상풍력 단지인 빈더비(4.95MW)가 설치되었다. 2010년에는 앤홀트(400MW) 단지가 운전을 시작했다. 에스비에르항과 같은 배후항만 조성과 전력망 연결 지원도 본격적으로 이루어졌다.

　우리나라도 환경과 수용성 문제로 육상풍력 확대에 어려움이 많다.

해양플랜트, 조선, 철강, 해저케이블 등의 제조업이 발달한 우리에게 해상풍력은 새로운 기회이다. 국내에는 124.5MW의 해상풍력이 설치되어 있다. 공사가 진행 중인 제주 한림해상풍력(100MW)과 전남해상풍력(99MW) 단지가 준공되면 323MW로 늘어난다. 2023년에 해상풍력을 대상으로 입찰을 처음으로 실시하여 5개 단지 1,431MW가 낙찰되었다. 11차 전력수급기본계획에 따르면 2038년 풍력발전은 40.7GW에 이를 것으로 전망된다.

그간 해상풍력 산업계에서는 투자 불확실성 해소를 위해 중장기 입찰 물량 제시를 요청했는데, 정부에서 로드맵을 발표했다. 2024~2026년까지 7~8GW를 입찰한다. 차세대 산업인 부유식 해상풍력에 대해 별도로 전망을 제시하고 입찰시장을 신설한다는 내용은 특히 주목할 만하다. 비가격지표 배점을 확대하고, 거점·유지보수, 안보·공공역할 측면도 평가에 추가로 반영한다는 내용은 에너지안보와 지역산업 육성, 일자리 창출에 기여할 것으로 기대된다.

덴마크 사례를 봤을 때 더 많은 노력이 필요한 분야도 있다. 배후항만, 전력망과 같은 인프라 구축이 적기에 이루어져야 한다. 4차 항만기본계획(2021~2030년)에 해상풍력 관련 내용이 거의 포함되지 않아 항만 미비로 인한 차질이 예상된다. 전력망의 경우, 미국도 2030년까지 30GW의 해상풍력 설치를 위해 멕시코만과 대서양 지역의 전력망 확충을 추진하고 있다. 해상풍력 공급망 산업을 국가전략기술로 지정하여 관련 산업을 육성하고, 최근 제정된 자원안보특별법을 활용하여 해상풍력의 공급망 취약점을 분석하고 생산기반을 확충할 필요가 있다. 발전사업허가를 받은 해상풍력 사업이 29GW 이상에 달한다. 해상풍력을 통해 우리 산업이 성장하고 기후위기에도 슬기롭게 대응하기를 기대한다.

대만 포모사 해상풍력 단지로 본 내러티브의 힘

대만은 50여 년 전까지는 '포모사(Formosa)'라고 불렸다. 포모사라는 지명은 포르투갈, 서아프리카의 기니비사우, 기니 등에서도 발견된다. 포르투갈어로 아름다운 섬이라는 뜻의 'Ilha formosa'에서 유래했다. 포르투갈은 유럽 국가 중에서 대만을 가장 먼저 발견했다. 포르투갈 선원들이 교역을 위해 일본으로 항해하는 도중에 대만을 발견하고 대만의 아름다운 모습과 울창한 숲을 보고 '포모사'라는 이름을 붙였다고 한다. 대항해시대 이후 세계지도에 대만은 포모사라는 이름으로 표기됐고 20세기 중반 유엔 등의 국제기구 회의에서도 포모사가 단독으로 쓰이거나 대만과 병행해서 사용됐다.

대만은 원래 중국인들이 살던 땅은 아니었다. 이스터섬의 거대 석상인 모아이로 유명한 태평양 원주민인 오스트로네시아어족이 살았다. 오스트로네시아어족은 기원전 1만8000년 쯤에 중국 남부에서 시작해 기원전 5000년 무렵 대만에 정착한 것으로 알려진다. 이후 이들은 발달한 항해기술을 이용해 태평양 일대로 퍼져 나갔다. 원주민이 아닌 민족이 대만을 처음 차지한 것도 중국이 아니라 네덜란드와 스페인이다. 북쪽은 스페인, 남쪽은 네덜란드가 요새를 만들어 점령했다. 이후 1642년에 네덜란드가 스페인과의 전쟁에서 승리하며 대만 전체를 차지했다.

명나라 말기와 청나라 초기에 활약한 밀수무역 상인이자 해적인 정지룡이 일본 나가사키에서 열린 연회에서 큐슈의 한 사무라이 딸과 결혼해 아들 정성공을 얻었다. 청나라 정부군에 쫓기던 정지룡은 청에 사로잡혀 죽고, 아들 정성공은 900척의 배와 2만5000명의 병력과 함께 대만으로 이동해 네덜란드군을 쫓아내고 대만에 정씨 왕국을 건국했다. 이후 한족의 본격적인 이주에 따라 대만 원주민들은 서부의 평야지역을 떠나 동부의 산악지대로 쫓겨났고, 높은 산에서 산다고 해서 이들 16개 원주민 종족들을 모두 고산족이라고 부른다.

대만은 여러모로 우리와 닮았다. 우선 세계적인 반도체 기업이 있다. 우리나라에는 30년 넘게 메모리 반도체 세계 1위를 지키고 있는 삼성전자가 있고 대만에는 반도체 파운드리(위탁생산) 세계 1위 업체인 TSMC가 있다. 1인당 GDP도 서로 비슷하다. 에너지 수입 의존도가 97%를 넘는 에너지 수입국이라는 점도 닮았다. 우리처럼 제조업이 발달하고 에너지 대부분을 수입하는 섬나라인 대만은 중국이 해상을 봉쇄하면 에너지수급에 차질을 빚을 수 있다. 탄소중립과 더불어 국가 안보를 위해서 자급자족할 수 있는 에너지가 절실하다.

대만은 우리처럼 전체 면적의 3분의 2가 산지다. 거대 산맥이 섬의 동쪽을 남북으로 가로지르고 있다. 봉우리의 평균 고도가 3000m를 넘고 가장 높은 위산은 3997m에 달한다. 산이 많고 인구밀도가 높아 육상풍력은 2021년 말 기준으로 796MW에 불과하다. 4면이 바다인 대만이 해상풍력으로 눈을 돌린 이유다. 대규모 해상풍력 단지가 들어서는 대만해협은 태풍과 거친 풍랑으로 유명하다. 중국이 대만을 침공할 때 최대 난관이 대만해협이라는 얘기도 있다. 거친 바다 때문에 중국이 폭 170km쯤 되는 대만해협을 건널 수 있는 기간은 연중 두어 달 밖에 안된다. 하멜표류기를 쓴 하멜이 탄 스페르베르호는 대만해협에서 풍랑에 휩쓸려 표류하다 제주도에 상륙했다.

필자는 2019년 11월에 120MW 규모의 포모사 1 해상풍력 단지 준공식에 참석한 적이 있다. 타이페이시에서 차로 2시간 가량 달리면 도착하는 어촌마을인 먀오리현 주난에서 2~6km 떨어진 바다 위에 세워진 대만 최초의 상업용 풍력단지이다. 수심 15~30m 바다 위에 6MW 터빈 20기를 설치했다. 그로부터 3년 6개월 후에 포모사 2 해상풍력 단지가 완공됐다. 포모사 1 단지 뒤쪽으로 8MW 터빈 47기를 설치해 총 발전용량이 376MW에 달하는 대규모 단지를 조성했다. 1년에 70만톤의 이산화탄소를 저감할 것으로 추정한다. 이로써 대만은 단기간 내에 해상풍력 설치 용량이 504MW로 늘었다.

대만의 해상풍력 단지 조성은 더 가속화할 전망이다. 포모사 3단지는 최대 2GW 규모로 2025년 운전을 목표로 건설이 추진 중이다. 이어 포모사 4단지는 최대 1.1GW 규모로 예정됐고 포모사 5는 기존의 고정식이 아닌 부유식 해상풍력 단지로 1.5GW 규모로 계획하고 있다. 대만이 해상풍력 단지에 포모사라는 이름을 붙인 것이 의미심장하다. 성경을 보면 하나님은 하늘과 땅과 바다를 지으시고 그것에 이름을 지어주셨다. 사물의 본질과 특성을 꿰뚫어보는 통찰력과 지혜가 발휘된 사례다. 풍력 터빈은 사람마다 미적 기준에 따라 갈린다. 아름다운 풍광이 될 수도 있고, 자연과 어울리지 않는 인공조형물에 불과할 수도 있다. 이름이 사물의 시작을 알린다는 점에서 대만은 자신들의 과거 이름처럼 해상풍력 단지를 아름답다고 규정한 것이 아닐까? 내러티브의 힘이 잘 드러난다.

태양광 산업에 볕이 들려면

트럼프 행정부는 기후변화를 부정하며 재생에너지에 대한 지원을 축소하고 있지만, 2025년 미국의 재생에너지 산업은 기록적인 성장을 이룰 것으로 전망된다. 특히 태양광 산업의 성장이 두드러진다. 미 에너지정보국(EIA)은 2024년 미국 전력망에 48.6GW의 발전용량이 추가되었다고 발표했다. 이 중에서 태양광은 30GW가 설치되어 62%를 차지했다. 2025년에도 AI와 데이터센터 등의 영향으로 전년에 비해 약 30% 증가한 63GW의 발전용량이 추가될 것으로 예상했다. 태양광은 32.5GW가 설치될 것으로 전망했다.

태양광 산업의 성장에 있어 가장 큰 위협요소는 공급망을 중국이 장악하고 있다는 점이다. 중국은 2025년 경제성장 방향을 '전광리'와 AI로 잡았다. 전(電), 광(光), 리(리튬)는 각각 전기차, 태양광, 리튬 배터리를 의미한다. 태양광의 가치사슬은 폴리실리콘, 잉곳, 웨이퍼, 셀, 모듈로 이루어져 있다. 중국은 태양광 가치사슬 모든 분야에서 80%가 넘는 시장 점유율을 가지고 있다. 2024년 전 세계 상위 10위 태양광 모듈 공급업체는 모두 중국 기업이다.

중국의 태양광 산업이 발전할 수 있었던 것은 스정룽이라는 인물 때문이다. 미국에서 대학원 과정을 밟으려 했던 스정룽은 행정 착오로 호주에 있는 뉴사우스웨일즈대학으로 진학한다. 여기에서 태양전지 연구의 전설적 존재인 마틴 그린 교수를 만난다. 박사과정을 마치고 2000년에 잠시 귀국한 그는 중국에 태양전지 회사를 차리겠다는 200쪽자리 계획서를 작성했다. 열 달 만에 우시 지방정부로부터 간신히 600만 달러를 받아내어 2001년에 선텍(Suntech)을 설립했다. 스정룽은 태양광의 장벽은 비용이라고 보고, 비싼 기계 대신 저임금 노동자를 활용하여 비용을 줄였다. 유럽의 발전차액지원제도와 일본의 정부 보조금 덕택에 선텍은 발족한 지 불과 4년 만에 뉴욕증권거래소에 상장한다.

중국 기업이 장악하고 있는 태양광 가치사슬 틈바구니 속에서 미국에 본사를 두고 있는 퍼스트솔라가 눈에 띈다. 2024년 모듈 공급량 기준으로 13위에 위치한다. 퍼스트솔라는 박막형 태양광 모듈 생산 기업으로 태양광 모듈 생산 기업 중 유일하게 원재료부터 완제품까지 미국에서 생산한다. 박막형 모듈은 중국이 독과점 중인 폴리실리콘 모듈의 가치사슬과 생산 방식이 전혀 다르다. 따라서 중국 기업을 거치지 않고서도 태양광 모듈을 생산할 수 있다.

박막형 태양전지는 효율이 낮고, 비용도 높은 편이기에 사장되어 가는 기술이었다. 그러나 효율 개선과 비용 절감을 통해 이제는 중국이 장악한 실리콘 태양전지와 견줄 정도가 되었다. 박막형 태양전지는 실리콘 웨이퍼 대신 유리나 금속기판 위에 반도체 박막을 증착하여 제조한다. 이 전지에 어떤 물질을 증착하느냐에 따라 종류가 달라지는데, 퍼스트솔라의 박막형 태양전지는 카드뮴 텔루라이드를 태양광 흡수층으로 사용한다.

 퍼스트솔라의 사례를 통해 우리 태양광 산업이 나아갈 방향에 대한 힌트를 얻을 수 있다. 중국과 차별화한 한 발 앞선 기술을 개발하고 상용화하는 것이다. 태양전지의 차세대 혁신기술로 '페로브스카이트 탠덤셀'을 들 수 있다. 2024년 MIT는 페로브스카이트 탠덤셀이 이르면 3년 안에 상용화돼 에너지 혁명을 이끌 것으로 전망했다. 페로브스카이트는 1839년 러시아 우랄산맥에서 발견된 광물인데, 러시아의 광물학자 레브 페로브스키(Lev Perovski)의 이름을 딴 것이다. 페로브스카이트는 박막형의 한 종류이다. 탠덤셀이란 두 종류 이상의 태양전지 셀을 적층한 형태의 태양전지를 말한다.

 실리콘 태양전지는 주로 적외선을 이용한다. 페로브스카이트는 가시광선을 광범위하게 흡수하며 적외선과 자외선도 일부 흡수한다. 따라서 기존 실리콘과 페로브스카이트를 결합한 페로브스카이트 탠덤셀은 다양한 파장의 빛을 흡수할 수 있어 효율을 더 높일 수 있다. 실리콘 태양전지는 태양광을 전기로 변환시키는 효율이 최대 27%를 넘지 못하고 있다. 이론적 한계 효율도 30% 미만이다. 이에 비해 페로브스카이트 텐덤셀의 이론적 한계 효율은 44%에 달한다.

 상용화는 퍼스트솔라가 앞서고 있는데, 한화큐셀도 따라가고 있다. 현대차도 페로브스카이트 태양전지 기술을 개발 중이다. 페로브스카이트는 투명하고 잘 구부러지기 때문에 선루프와 창문 등에 부착하면 자연광은 통과시키면서 전기를 생산할 수 있다. 가시광선으로 충전이 되므로 지하주차장의 LED 조명으로도 충전이 가능하다고 한다. 일본은 2025년 수립한 제7차 에너지기본계획에서 페로브스카이트 태양전지를 개발하고 공급망을 구축하여 지붕과 건물 벽면 등에 2040년까지 20GW를 설치하는 목표를 제시했다. 정부의 전폭적인 지원과 기업들의 선전을 기대한다.

절수(節水)는 에너지다 :
캘리포니아에서 배우는 지속가능 전략

"물을 아껴 써야 한다"는 말은 익숙하다. 하지만 정작 우리가 간과하는 사실은, 물을 아끼는 일이 곧 전기를 절약하는 일이라는 점이다. 수자원을 상류에서 취수하고 정수한 뒤, 펌프로 끌어올려 가정까지 보내는 전 과정에는 막대한 전기에너지가 소모된다. 물 절약은 단순한 자원 보호를 넘어 에너지 절감과 탄소 감축으로 이어지는 다층적 자원관리 전략이다.

이 물-에너지 연결고리를 정책에 효과적으로 반영한 사례가 있다. 바로 미국 캘리포니아주에서 시행 중인 '절수 제품 리베이트 제도'다. 캘리포니아는 만성적인 가뭄과 물 부족에 대응해, 수백 킬로미터 떨어진 콜로라도강 등에서 대도시로 물을 끌어온다. 이 과정에서 발생하는 에너지 소비는 주(州) 전력시스템에 큰 부담이다. 실제로 캘리포니아의 물 이송 시스템은 주(州) 전체 전력 소비의 약 7%를 차지한다. 이는 물이 단순한 자원이 아닌 '전기를 품은 자원'임을 보여준다.

예컨대, 1,000㎥의 물을 이송하고 정수하는 데 약 2,000kWh의 전력이 필요하다는 통계는 물 관리가 결코 가벼운 일이 아님을 방증한다. 이러한 에너지 집약적 구조를 고려할 때, 물 절약은 곧 에너지 절약이며 온실가스 감축과도 직결된다. 캘리포니아는 이 점에 착안해 가정에서 물 절약형 제품을 설치하면 리베이트를 제공하는 인센티브 제도를 운영 중이다. 예를 들어 절수형 변기를 설치하면 최대 250달러, 절수형 샤워기로 교체하면 최대 30달러를 돌려받는다.

이 제도는 시민들의 자발적 절수 행동을 유도하며 물과 전기를 동시에 절약하도록 이끈다. 그 효과는 통계로도 확인된다. 절수형 제품을 설치한 가구는 평균 30% 이상의 물 사용량을 줄였고, 이에 따라 관련 에너지 소비도 함께 감소했다. 결과적으로 온실가스 배출은 물론 가계 전기요금까지 절감되었다. 이는 단순한 절약을 넘어 지속 가능한 발전을 위한 구조적 변화를 만들어낸 셈이다.

이 사례는 한국에도 중요한 시사점을 던진다. 서울 등 수도권 대도시는 청평댐 등 원거리 수원지에서 취수한 물을 펌핑해 공급한다. 서울까지 50km 이상 물을 끌어올리는 데에도 적지 않은 전력이 소비되며, 정수 과정까지 고려하면 에너지 소비는 더 커진다. 구체적으로 원수 펌핑과 정수 과정에서 각각 $0.12kWh/m^3$, $0.24kWh/m^3$가 소요된다. 결국 물을 아끼는 것이 전기요금과 탄소배출 저감에까지 연결된다는 점에서, 한국도 보다 통합적인 물·에너지 정책 설계가 필요하다.

캘리포니아 사례처럼 한국도 절수형 제품에 대한 인센티브 제도를 도입한다면, 가정 단위에서의 자원 효율성은 물론 국가 차원의 에너지 수요 절감에도 기여할 수 있다. 이는 탄소중립이라는 국가적 과제에도 긍정적 영향을 미칠 것이다.

절수와 에너지 절감은 단지 가계 부담을 줄이는 차원을 넘어 사회 전체의 비용을 낮추고 기후위기에 대응하는 적극적 수단이다. 물을 아끼는 것은 곧 전력 수요를 줄이는 일이자 탄소배출을 줄이는 일이며, 이는 더 지속 가능한 사회로 나아가는 핵심 투자다.

물은 전기를 품고 있다. 수도꼭지를 잠그는 작은 실천이 결국 하나의 발전소를 멈추게 할 수도 있다. 기후위기를 늦추는 출발점은 그렇게 일상에서 시작된다. 캘리포니아가 먼저 그 길을 보여주었듯, 이제 한국도 실천에 나서야 할 때다.

범 국가적 탄소중립 실현 위해
학교 시설 통한 환경생태 교육을[1]

2050 탄소중립 실현을 위해, 범부처적 노력이 활발하다.

지난 4월 13일 교육부, 환경부, 해양수산부, 농림축산식품부, 산림청, 기상청은 학교 탄소중립 실현을 위해 긴밀하게 협력하기로 약속했다. 학생·학부모·교원 대상 프로그램을 개발하고 기후위기, 환경생태 관련 체험교육을 지원하며, 탄소중립 시범·중점학교를 운영한다고 한다. 한마디로 부처별 전문분야를 활용한 환경생태교육을 강화하여 학교 탄소중립을 실현하겠다는 말이다.

스웨덴의 10대 환경운동가 그레타 툰베리처럼 현재 세계 각지에서 기후운동에 가장 적극적으로 참여하는 세대는 다름 아닌 기후위기를 직면하게 될 '미래세대'들이다. 이번 업무협약은 미래세대들에게 어릴 때부터 환경위기를 이해하고 해결을 위한 실천행동을 지원하는 출발점이 되리라 본다.

그러면 앞서 언급한 탄소중립의 본래 의미를 한번 살펴보자.

---

1) 2021년 5월 기고문입니다.

탄소중립은 대기 중 이산화탄소 농도가 더 이상 증가되지 않도록 순배출량이 '0'이 되도록 하는 것이다. 즉, 나무를 심어 배출량을 흡수하거나, 풍력·태양광 발전과 같은 신재생설비를 설치하여 실질적인 배출량이 '0'이 되도록 하여야 한다. 학교에서도 2050 탄소중립 실현을 위해서는 실질적인 배출량을 '0'이 되도록 하는 적극적인 방법을 고민해야 한다.

학교에서 할 수 있는 적극적인 방법 중 하나는 신재생에너지 설비를 설치하는 것이다. 요즘 학교 옥상이나 운동장 스탠드에 태양광발전설비를 보는 것은 어렵지 않은 일이다. 50kW급 태양광 발전설비를 설치하면, 연간 발전량이 62,560kWh 생산되며, 이는 전기요금으로 보면 년간 600만원을 절감할 수 있다. 특히 무더운 여름에는 찜통 교실을 걱정하지 않고, 태양으로부터 오는 에너지를 이용할 수 있다.

또한 태양광 발전으로 인해 감축된 온실가스 배출량은 온실가스 배출권 거래제 상쇄제도에 등록해 1톤당 2만5000원('21년 5월기준)의 배출권 수익을 얻을 수 있으며, 이 수익을 학교 탄소중립 활동에 재투자하는 선순환 구조를 만들 수 있다.

물론 이를 위해서는 현재 설치된 설비를 잘 유지 관리하는 일이 필수적이다. 태양광 모듈의 기대수명은 15~30년으로 반영구적이지만, 모듈에서 생산되는 직류전기를 교류로 바꾸어 주는 인버터는 7년에서

10년 정도에 교체가 필요하다. 학교에서는 신재생 설비가 매년 증가하고 있으나, 시설관리자의 전문성 부족으로 원활한 보수가 되지 않고 있다. 신규로 신재생설비를 보급하는 일도 중요하지만, 기존에 설치된 설비를 잘 관리해서 수명을 연장하고 발전량을 늘리는 일은 환경적 측면에서 더 유용하다.

올해 5월 3일부터 6월 24일까지 부산시교육청과 한국에너지공단 부산울산지역본부는 부산시 공립학교 68교의 노후 태양광 설비 (준공이후 10년이상, 총1.8MW)를 모두 점검하고 시설 개선을 통해 발전량을 늘리는 리파워링 사업을 진행 중이다.

이 사업에는 지역의 신재생설비 전문기업 5곳도 함께 참여해 드론 열화상카메라를 활용한 무료 점검을 지원한다. 육안으로 식별 불가능한 경년 열화, 열점(hot spot)현상, 파손 패널을 집중 점검해 학교 태양광 설비의 관리 사각지대를 해소할 것으로 보인다.

또 학교에 설치된 신재생설비는 신재생에너지 체험 현장교육과 연계해 활용할 수 있다. 태양광, 태양열, 지열과 같은 설비의 특성을 살펴보고, 컴퓨터 화면으로 실시간 발전량을 확인하는 살아있는 현장 교육이 가능한 것이다.

학교 탄소중립이라는 국가적인 과제를 위해 범부처적 노력이 시작된 것은 희망적인 일이다. 미래세대가 생활하는 학교 탄소중립실현은 학교라는 울타리에서 자연스럽게 신재생에너지를 체험하고 그 위에 환경생태 교육이 더해질 때 가능해 질 것이다.

수열에너지 : 지속가능한 냉난방의 열쇠

기후위기와 에너지 전환이 어느 때보다 절실한 지금, 우리는 다양한 재생에너지 기술에 주목하고 있다. 태양광과 풍력이 대표적이지만, 그 이면에 숨겨진 '수열에너지'도 함께 주목해야 한다. 수열에너지는 하천, 호수, 지하수 등 자연수계의 온도 차를 활용해 냉난방 에너지를 생산하는 친환경 에너지다.

태양광과 풍력이 날씨에 따라 출력 변동성이 큰 반면, 수열에너지는 상대적으로 안정적인 에너지 공급이 가능하다. 히트펌프와 같은 기술을 활용해 낮은 온도 차에서도 효율적으로 에너지를 얻을 수 있다. 이미 국내외에서는 다양한 시범사업과 상용화 사례가 나타나고 있다.

수열에너지 관계자는 해외에서는 정수된 수관(water supply pipe)에서도 수열에너지를 직접 활용하는 경우가 늘고 있다고 강조하고 있다. 이렇게 하면 수질 관리가 용이하고, 설비 내 부식과 오염 위험을 줄여 안정적으로 운전할 수 있다는 장점이 있다. 반면, 우리나라는 정수 이전의 취수 단계에서 수관을 분기해 수열에너지를 활용하는 방식을 주로 사용한다. 이 방법은 원수 온도 차를 효과적으로 이용할 수 있지만, 수질 관리를 통한 환경 오염 문제 방지와 함께 열교환기와 같은 설비의 오염 문제 해결 등과 같은 설비 보호에 주의를 기울여야 한다.

최근 수열에너지가 특히 주목받는 분야는 데이터센터 냉각이다. 데이터센터는 대규모 전력 소비처로, 냉각 과정에서 많은 에너지를 소모한다. 기존 냉방 방식은 전력 소비와 환경 부담이 크다. 그러나 수열에너지를 활용한 냉방 시스템은 에너지 효율을 높이고 운영 비용을 줄이며 탄소 배출을 감소시키는 혁신적 대안이다. 국내외 사례를 통해 그 효과가 점차 입증되고 있다.

기술적·경제적 과제도 여전히 남아 있다. 초기 투자 비용과 기술 안정성, 제도적 지원 부족 등이 장애물이다. 이를 극복하기 위해서는 연구 개발과 정책 지원, 산업계와 사회적 인식 변화가 필요하다. 예를 들어, 정부의 시범사업 및 연구개발 투자 확대, 민간 기업의 기술 혁신 등을 통해 초기 비용을 절감하고, 제도적 기반을 마련할 수 있다.

미래를 바라볼 때 수열에너지는 단순한 지역 단위 에너지원에 머물지 않고 국가 에너지 시스템 전반에 긍정적 영향을 미칠 전망이다. 특히 수도권 냉방 전력 피크 완화에 획기적으로 기여할 수 있다. 한강 수계를 활용한 수열에너지 시스템은 약 1.5GW의 냉방 부하 절감 효과가 가능하다는 분석도 있다. 이는 국가 전력망 안정성과 효율성 향상에 큰 도움이 될 것이다.

나아가 스마트시티와 분산형 에너지 생태계 속에서 수열에너지는 핵심 축으로 자리 잡을 가능성 크다. 다양한 지역에서 적용될 수 있는 수열에너지 시스템은 신산업 발전과 일자리 창출에도 기여할 것이다.

특히, 스마트시티의 에너지 효율성을 높이고, 분산형 에너지 네트워크에서 중요한 역할을 할 수 있다.

수열에너지는 아직 미완의 잠재력을 가진 자원이지만, 미래를 바꾸는 강력한 힘이 될 수 있다. 정부, 산업계 그리고 시민사회가 힘을 모아 기술 개발과 제도 개선을 적극 추진한다면, 지속가능한 에너지 사회로 나아가는 데 든든한 기반이 될 것이다.

지금이 바로 수열에너지에 주목하고 준비해야 할 때다. 우리 모두가 숨은 에너지 자원을 활용하는 지혜를 모아 지속가능한 미래를 만들어 가자.

인공지능(AI)으로 펼쳐질 재생에너지 산업의 미래

2022년 말 오픈AI는 대화형 인공지능 서비스인 챗GPT를 출시했다. 그 이후 생물종이 폭발적으로 나타났던 캄브리아기에 빗대어, 인공지능의 캄브리아기라고 부르는 시대가 도래했다. 챗GPT의 '챗(Chat)'은 대화형이라는 말이다. 프로그래밍 언어가 아니라, 사람끼리 이야기하듯 자연스럽게 입력하면 된다. GPT의 'G(Generative)'는 '생성한다'는 뜻이다. 글, 그림, 동영상과 같은 것을 만드는 인공지능이라는 말이다. 'P(Pre-trained)'는 '사전 학습한'이란 뜻이다. 챗GPT는 3천억 개의 단어와 5조 개의 문서를 학습했다. 인간이 만든 거의 모든 문서를 다 봤다고 할 수 있는 양이다. 'T(Transformer)'는 트랜스포머의 약자이다. 주어진 문장을 보고 다음에 어떤 단어가 올지를 확률적으로 예측하는 딥러닝 모델이다.

캐나다 토론토대의 제프리 힌튼 교수는 2006년에 딥러닝 논문을 발표하여 인공지능의 선구자가 되었다. 2024년 이 연구에 대한 공로를 인정받아 노벨물리학상을 받았다. 물리학 연구가 아닌 인공지능에 관한 연구로 컴퓨터 과학자가 노벨물리학상을 받은 첫 사례이다. 인공지능의 암흑기라 부르는 1980년대부터 캐나다 정부가 인공지능 연구에 투자한 결과물이다. 현재 캐나다는 전 세계에서 인공지능 연구자와 빅테크 기업들이 모여드는 인공지능의 메카가 되었다.

사람의 두뇌는 불과 20W의 전력만을 사용한다. 챗GPT의 학습에 사용한 엔비디아의 A100이라는 GPU는 1초에 312조 번의 연산을 할 수 있다. A100의 소비전력은 모델에 따라 300~400W이다. 챗GPT는 이런 A100을 1만 개나 사용했다. 인공지능이 확산되면 필연적으로 전력 수요가 증가할 수밖에 없다. 데이터센터가 가장 많은 미국을 보면, 2022년 데이터센터가 전력 수요의 약 4%를 차지했다. 2026년에는 6%까지 증가할 것으로 예상한다. 이로 인해 전력망 현대화와 무탄소 전력 확보가 새로운 도전거리로 떠오르고 있다.

인공지능의 확산은 에너지산업에 숙제거리와 더불어, 성장의 기회요인이 될 수 있다. 특히 재생에너지는 다양하고 많은 설비가 전국적으로 산재되어 있고, 데이터의 양이 많아, 인공지능 활용으로 새로운 성장 기회를 창출할 수 있다. 인공지능은 재생에너지의 신뢰성을 높이고 기상 조건에 따른 영향을 줄여준다. 인공지능 알고리즘으로 풍력, 태양광과 같은 재생에너지 설비에 대해 날씨 예측, 과거 발전량 데이터, 실시간 상태를 분석한다. 이를 통해 발전량을 예측하여 전력 공급과 수요의 균형을 맞추는데 활용할 수 있다. 인공지능을 사용하면 재생에너지 설비가 고장나거나 유지관리가 필요한 시기를 예측할 수 있다. 머신러닝을 통해 사용 통계, 날씨 데이터, 과거 유지관리 기록과 같은 방대한 양의 데이터를 분석하여 고장이 발생하기 전에 잠재적 고장을 예측할 수 있다. 이를 통해 가동중지 시간을 최소화하고 수리 비용을 줄이며 재생에너지 설비의 전반적인 안정성을 개선할 수 있다.

재생에너지가 늘어날수록 에너지저장장치(ESS), 스마트 그리드, 수요반응(DR)과 같은 기술의 사용이 필수적이다. 재생에너지는 에너지 저장 기술을 통해 변동성을 보완하는데, 인공지능은 수요, 공급, 가격, 전력망 상태 등을 고려하여 최적의 저장 시기, 방전 시기, 방전량을 결정할 수 있도록 도와준다. 스마트 그리드와 수요반응을 통해 소비자는 자신의 에너지 소비를 적극적으로 관리할 수 있다. 인공지능은 과거와 실시간 데이터를 사용하여 소비 패턴을 예측할 수 있어 발전사가 자원을 효율적으로 사용할 수 있도록 도와준다. 또한 인공지능은 전력 수요가 많은 시기에 가장 필요한 곳으로 전력이 향하도록 하여 정전 위험을 방지할 수 있다. 인공지능 기반의 스마트 그리드는 전력망의 오류나 중단을 감지할 수도 있다. 문제의 정확한 위치를 찾아내어 전력을 다른 경로로 연결함으로써 서비스의 중단을 최소화하고 가동중단 시간을 줄여 전력망의 안정성을 개선할 수 있다. 수요반응은 상업시설, 산업체와 같은 소비자들의 전력 사용량을 전력망 운영자 또는 에너지 공급자의 신호에 따라 조정한다. 인공지능은 수요 변동을 예측하고 관리함으로써 재생에너지로의 전환을 도울 수 있다.

재생에너지 산업이 성장하기 위해서는 전력 수요와 공급의 불일치로 인한 출력제한, 전력망 확충 등의 난관을 극복해야 한다. 변동성이라는 특징을 가진 태양광, 풍력과 같은 재생에너지의 확대로 발생하는 문제를 인공지능 기반의 예측 및 최적화로 해결할 수 있다. 인공지능은 향후 5~10년 안에 해결책을 찾아낼 것이다. 이로 인해 펼쳐질 재생에너지의 미래가 기대된다.

Energy

the five roads

G eneral
reen
rid
rowth
eopolitical

CHAPTER

3

Grid

유연한 전력망과 분산형 에너지시스템의 설계

전기는 생산과 동시에 소비되어야 하는 실시간 자원입니다.
이 장은 전력망의 구조적 혁신, 분산에너지의 등장, AI 기반 운영체계, ESS와 VPP의 가능성까지 현재 전력 시스템의 진화를 다룹니다.
복잡해진 에너지 지형에서 우리가 어떤 시스템을 설계해야 하는지를 묻습니다.

전기가 남으면 땅속으로 꺼진다고요!?

학생들을 대상으로 강의를 할 때, 종종 약간의 선물을 걸고 퀴즈 형식으로 질문을 하기도 한다.

"전기가 남으면 어떻게 될까요?"

그러면 고개를 갸우뚱하면서 가장 많이 나오는 답이 "땅속으로 꺼져요"라고 한다. 간혹 "전기는 남지 않아요"라고 우문현답을 하는 학생도 만날 수 있다. 이 우스꽝스러운 질문은 사실 전기에 대한 두 가지 개념을 알아보기 위한 목적이 있다. 첫 번째는 전기는 실시간으로 생산되고 실시간으로 소비되는 상품이라는 것이고, 두 번째는 전기가 땅속으로 들어가는 경우는 사고전류가 발생한 때로 이 전류를 안전하게 대지로 흘려보낼 때를 말하는 것이다.

전력계통의 중요한 특징 중의 하나가 생산과 소비의 동시성이다. 전력 공급과 수요가 일치되어야 하고, 이는 결과적으로 주파수가 60Hz로 유지돼야 한다는 것이다. 지금 이 순간 우리나라 전력시스템에서는 수많은 발전기가 가동되고 있다. 발전기에서 생산된 전력량은 공장, 사무실, 가정 등 소비처에서 소비되는 전력량과 같다는 것이다. 말 그대로 전기는 '실시간 상품'인 것이다. 전기가 발전기부터 소비자까지 도달되는 데 있어서의 실제 송배전 손실은 2023년 말 기준으로 3.53%이다. 하지만 없다고 간주하고 설명하고자 한다. 전력시스템은 전력의 공급과 수요가 균형을 맞추고 있는 상황에서 갑자기 전력수요가 줄어들게 되면 주파수는 상승하게 되고, 반대로 갑자기 전력수요가 증가하게 되면 주파수가 내려가는 특성을 보인다.

이 원리를 자전거를 타는 경우와 비교해보자. 두 사람이 자전거를 타고 있는데, 뒤에 탄 사람이 갑자기 내리게 되면 자전거의 속도는 빨라지게 된다. 주파수가 증가하는 것과 유사하다. 한 사람이 자전거를 타고 가고 있는데, 뒷자리에 다른 사람이 올라타면 자전거의 속도는 느려지게 된다. 이것은 주파수가 하락하는 것과 같다. 이처럼 자전거의 속도를 일정하게 유지하는 것과 마찬가지로 우리의 전력계통은 정해진 주파수로 운영하기 위해 전력의 공급과 수요를 조절하고 있는 것이다.

이제 우리나라는 재생에너지에 의한 발전량이 증가해 제주도, 호남지역 등 일부 지역에서 재생에너지의 출력제어가 일어나고 있고, 이는 더욱더 확대될 것으로 전망되고 있어서 전력수급을 맞추기 위한 조절 능력을 갖추는 것이 점점 중요해지고 있다. 이에 에너지저장시스템은 전력수급을 맞추기 위한 미래 전력시스템의 핵심 수단이라 할 수 있다. 덧붙여 말하자면 에너지저장시스템을 활용하는데 있어 실시간, 일간, 주간, 월별, 계절별로 시계열적인 활용성과 기술경제성을 함께 고려하는 지혜도 필요해 보인다.

그렇다면 전기가 땅속으로 들어가는 때는 없을까? 있다. 이 경우는 전력계통에서 사고가 발생하는 경우가 된다. 전력계통의 사고는 여러 형태로 나타나게 되는데, 이때의 사고 전류를 접지(接地)를 통해 대지로 흘려보내는 것이다. 이를 통해 인체나 생명을 보호하고, 기기 등의 손상을 방지하게 되는 것이다.

잘 알고 있다시피 실시간으로 생산된 전력은 빛의 속도로 소비자에게 전송돼 편리하게 사용되고 있다. 이처럼 소중한 전기에너지를 똑똑하고 알뜰하게 그리고 안전하게 사용하는 것이 소비자의 현명한 선택이 된다는 것은 두말하면 잔소리가 될 것 같다. 그리고 전기가 남으면 땅속으로 꺼진다고 묻는 일은 앞으로는 없어야 할 것이다.

재생에너지 확대와 전력공급의 안정성

자전거를 타는 사람이면 누구나 알듯이, 천천히 달릴 때는 균형을 잡기가 어렵다. 그러다 속도를 높이면 자전거가 안정화된다. 17세기에 뉴턴이 발견한 관성이라는 물리법칙이 작용하기 때문이다. 우리는 중학교에서 정지해 있는 물체는 계속 정지해 있으려고 하고 움직이는 물체는 계속 움직이려고 한다는 관성의 법칙을 배웠다.

전력시스템에도 비슷한 일이 일어난다. 전력시스템의 관성은 회전하는 대형 발전기에 저장된 에너지를 말하는데, 이로 인해 발전기는 계속 회전하려는 경향을 갖게 된다. 이 저장된 에너지는 발전기가 고장 났을 때 발생하는 전력 손실을 일시적으로 보충해 주는 역할을 한다. 일반적으로 몇 초 동안만 활용할 수 있는 이러한 반응으로 인해, 발전소를 제어하는 기계적 시스템이 고장을 발견하고 대처할 수 있는 시간을 확보할 수 있다. 이처럼 관성은 전력시스템의 균형을 유지하는 역할을 한다.

기존의 석탄, 가스 발전기들은 우리나라의 계통 주파수인 60Hz(±0.2)에 맞춰서 운전한다. 대부분의 태양광, 풍력, 에너지저장장치는 인버터를 통해 전력계통에 연결되므로 관성을 제공하지 않는다.

인버터 기반 자원의 비중이 매우 높은 전력계통에서는 송전선로 고장, 발전기의 갑작스런 정지와 같은 일이 발생했을 때, 적절한 대응책을 미리 준비해 놓지 않은 경우에는 계통관성 저하로 주파수가 급하게 떨어질 수 있다. 주파수가 일정한 값 이상으로 벗어나면 발전기들이 설비보호를 위해 전력계통에서 스스로 이탈하고, 변전소들도 미리 정해진 순서대로 전력공급을 중단한다.

국제에너지기구(IEA)는 변동성이 있는 재생에너지가 전체 발전량에서 차지하는 비중에 따라 4단계로 나누어 각 단계별로 전력계통에 미치는 영향과 대응방안을 제시하였다. 1단계는 재생에너지 비중이 3% 이내이며, 전력시스템에 미치는 영향이 거의 없는 단계이다. 2단계는 비중이 3~15%이며, 전력시스템에 미치는 영향이 조금씩 나타나는데, 전력계통 운영방식을 개선하면 쉽게 해소할 수 있다. 우리나라 육지계통이 현재 2단계라고 할 수 있다.

비중이 15~25%에 이르면 3단계로 분류하는데, 전력 수요와 공급의 균형에 불확실성이 나타나므로 시스템의 유연성을 높여야 한다. 출력예측 시스템을 갖추고, 유연성 자원을 확대해야 한다. 제주도가 여기에 해당한다.

4단계는 비중이 25% 이상인 경우인데, 재생에너지가 전력수요의 100%를 담당하는 시간이 발생할 수 있다. 이 시기에는 계통관성 확보가 매우 중요하며, 최종 소비부문의 전기화, 전력 변환 및 저장 기술이 필요하다.

이처럼 계통관성은 재생에너지의 초기 보급 단계에서는 문제가 되지 않는다. 그러나 재생에너지가 차지하는 비중이 25% 이상이 되면 전력계통의 안정적인 운영을 위해서는 반드시 고려해야 하는 사항이다.

미국 국립재생에너지연구소(NREL)에 의하면, 기존 발전기를 풍력, 태양광, 에너지저장장치 등의 인버터 기반 자원으로 교체하면 활용가능한 관성의 양이 줄지만, 이로 인해 실제로 필요한 관성의 양이 줄어 첫 번째 효과를 상쇄할 수 있기도 하다. 즉, 주파수응답 제공에 대한 우리의 기존 생각을 바꿔야 한다고 주장한다.

더 나아가 인버터 기반 자원의 증가로 인해 계통관성의 양이 감소되더라도 전력시스템의 신뢰성을 유지하거나 개선하기 위한 여러 해결책이 있으므로, 관성의 감소는 풍력, 태양광, 에너지저장장치를 크게 증가시키는데 심각한 기술적, 경제적 장애요인으로 작용하지는 않는다고 하였다. 미리 준비만 한다면 충분히 대처가 가능한 영역인 것이다.

재생에너지의 확대와 전력수급의 안정성이라는 두 마리 토끼를 모두 잡으려면 재생에너지를 보급하면서 전력계통에 대한 적절한 조치를 미리미리 해야 한다. 자전거 타기를 장려하려면 자전거도로와 같은 기반시설을 잘 갖추어야 하고, 안전사고에 대비하여 헬멧, 보호대와 같은 안전장구를 착용해야 하듯이 말이다.

우리에게도 관성이 작용한다. 과거의 생각과 행태에 머물러 있는 것이다. 자전거에 올라타서 멈춰 있거나, 느린 속도로는 중심을 잡지 못하고 비틀거리기만 한다. 자전거의 속도가 빨라지면 중심잡기가 쉬워진다. 자전거를 배우려면 빠른 속도에 대한 두려움을 이겨내야 한다.

기후위기 극복을 위해 재생에너지가 주력전원이 될 때를 대비하여 전력계통 운영의 커다란 변화가 요구되는 때이다. 우리에게는 빠른 변화 속도에 대한 두려움을 극복하고 변화에 신속히 적응하는 것이 필요한 때이다.

전력 섬, 대한민국

2006년 4월 1일, 제주도 전역이 암흑에 잠겼다. 해남과 제주를 잇는 직류연계선 고장과 제주화력발전기의 정지로 인해 25만여 가구가 최대 2시간 34분 동안 정전을 겪었다. 단 27초 만에 발생한 이 광역정전은 제주도 전력계통의 취약성을 여실히 드러냈다. 당시 전력의 고립된 구조가 얼마나 큰 문제로 이어질 수 있는지를 명확하게 보여준 사건이었다.

그러나 이 문제는 제주도만의 일이 아니다. 한국 전체가 '전력 섬'이다. 우리나라 전력망은 국경 너머 그 어떤 나라와도 연결돼 있지 않다. 지리적으로 매우 가까운 일본, 러시아, 중국 이 세 나라와 한국은 단 한 줄의 국가간 전력 연계선조차 보유하지 못한, 세계적으로 드문 전력 고립국 중 하나이다. 그 배경에는 남북한 분단과 역사적 맥락이 깊숙이 자리하고 있으며, 이러한 구조적 현실은 현재 우리나라 전력 안정성 문제의 근본적인 원인이 되고 있다.

유럽의 상황은 다르다. 예를 들어 독일은 재생에너지 발전량이 많을 때 남는 전기를 오스트리아나 폴란드 등으로 송전할 수 있다. 반대로 수요가 증가할 때는 프랑스나 덴마크, 노르웨이 등 주변 국가로부터 필요한 전력을 수입할 수 있다. 이처럼 국가 간 전력망이 연결되어 있어,

각국은 '스마트한 조정'을 통해 전력 수급의 불균형을 해소한다. 이러한 시스템 덕분에 예기치 못한 수급 위기에도 유럽의 전력망은 유연하게 대응할 수 있다.

하지만 안타깝게도 한국은 그럴 수 없다. 여름철 갑작스러운 전력 피크가 발생하거나, 겨울철 LNG 가격 급등 시, 외부로부터 전력을 수입할 수 있는 방법이 전혀 없다. 마찬가지로 잉여 전력이 발생해도 주변국에 전력을 수출할 방법도 없다. 이러한 고립은 결국 고스란히 비용으로 돌아온다. 우리는 예측 불가능한 상황에 대비하기 위하여 예비 전력을 많이 확보해야 하고, 안정적인 전력 공급을 위해 가격이 비싼 에너지원도 여전히 유지해야 한다. '전력 섬 대한민국'의 본질은 바로 이러한 구조에서 비롯된다.

제주도는 육지와 해저케이블로 연결되어 있지만, 한국의 전력망 고립 구조를 축소해 놓은 형태라고 할 수 있다. 제주 계통의 대부분의 전력 수요는 도내에서 자체적으로 충당된다. 따라서 제주도에서 진행되는 재생에너지 확대, 에너지저장장치 도입, 계통 유연성 강화 등과 같은 다양한 실험들은 대한민국 전체가 직면할 중요한 에너지 문제들을 미리 보여준다. 재생에너지는 발전량이 일정하지 않은 간헐적 특성을 가지고 있다. 풍력발전은 바람이 불지 않으면 멈추고, 태양광 발전은 해가 지면 꺼지게 된다. 따라서 출력의 예측 가능성과 공급의 안정성 측면에서 여전히 해결되지 않은 과제가 많다. 제주도에서는 풍력과 태양광을 중심으로 재생에너지 비중을 높이고 있지만, 이를 효과적으로 관리하기 위한 기술적 해결방안이 요구되고 있다.

이러한 상황에서 만약 우리가 중국과 전력망을 연결할 수 있다면 어떨까? 몽골의 고비사막에 태양광발전소를 설치하고 대량 생산된 전력을 한국에 보낼 수 있다면 어떨까? 이런 질문에서 출발한 '동북아 슈퍼그리드' 구상은 2011년 일본의 소프트뱅크 손정의 회장이 제안한 프로젝트로, 몽골, 중국, 한국, 일본을 하나의 거대한 전력망으로 연결하는 것을 목표로 한다. 그러나 정치적 긴장과 에너지 안보에 대한 불신, 그리고 투자 위험 등으로 이 프로젝트는 현재까지 실현되지 못했다.

현재 대한민국의 전력계통은 타 국가와 연결되지 않은 독립적인 구조로 외부 전력망으로부터 영향을 받지 않는 장점이 있지만, 대규모 정전이나 계통 사고 발생 시 복구가 어렵다는 단점도 있다. 이러한 근본적인 문제를 해결하기 위한 핵심적인 대안이 바로 분산에너지 시스템이다. 분산에너지 시스템은 개별 지역에서 독립적으로 운영 가능한 에너지 자원을 확보하고, 스마트 그리드와 연계하여 에너지 공급의 안정성을 높이는 방식이다. 소규모 분산형 전원, 지역 내 마이크로그리드, 자율적 수요관리 시스템 등을 통해 특정 지역이 국가 전체 전력망과 단절되더라도 최소한의 전력 자립을 유지할 수 있어야 한다. 이러한 분산에너지 시스템은 자연재해나 대형 발전소 사고와 같은 위기 상황에서 국가 전력망의 복원력을 크게 향상시킬 수 있다.

국가 간 전력망 연계를 고려하는 것이 이상적인 해결책이지만, 정치적·기술적 장애물이 많아 쉽게 추진할 수 없다. 예를 들어, 한국과 주변 국가 간 HVDC(초고압직류) 송전망을 구축하면 장기적으로 안정적인 전력 연계가 가능하지만, 송전선 구축 비용과 각국의 에너지 정책 차이로 인해 현실적인 제약이 있다. 따라서 당장의 현실적인 대책은 국내 지역별 자립형 전력 시스템을 강화하는 것이다. 이를 통해 광역 정전이나 계통 붕괴에 대한 불확실성을 줄여야 한다. 에너지 자립 지역을 늘리고, 재생에너지를 적극 활용한 분산형 발전 체계를 확립한다면 대한민국 전력계통은 보다 유연하고 회복력 있는 구조로 발전할 수 있을 것이다.

'전력 섬 대한민국'이라는 표현은 단지 지리적 설명이 아니다. 그것은 우리가 안고 있는 구조적 리스크의 은유다. 우리나라에 분산형 에너지시스템을 확립하여 지역적 자립률을 높여나가면서, 우리나라 전력시스템 내에서 지역적인 연계가 가능한 구조로 전환하는 것이다. 이렇게 작은 유럽 전력망과 같은 그리드로 진화하는 방향이 오히려 현명한 선택일 수도 있다. 전력을 잇지 못하면, 우리는 미래로 나아갈 수 없다는 사실을 명심하면 좋겠다.

전기는 넘치는데, 전기 길은 막혔다.

우리는 전기를 너무나 당연하게 사용한다. 스위치를 누르면 언제나 환하게 불이 켜지고, 스마트폰을 비롯한 전자기기는 언제나 충전되어 있다. 그러나 이 익숙한 일상이 가능하려면 수십만 킬로미터에 달하는 송배전망이 조용히 제 역할을 해야 한다. 전기는 어디에서나 사용되지만, 어디에서나 생산되지는 않는다. 그래서 더 많은 전기를 생산하고, 생산된 전기를 더 멀리 보내는 구조는 오랫동안 대한민국 전력정책의 중심이었다.

전력통계는 그 변화를 명확히 보여준다. 1990년 24,055MW였던 발전설비는 2023년 150,599MW로 약 6배 증가했다. 같은 기간 발전량은 118TWh에서 617TWh로 5배 늘었고, 송전선로는 19,432c-km에서 35,335c-km로 2배, 변전소 용량은 7배, 배전선로는 2배가량 확대되었다. 한국은 전력 인프라 측면에서 전례 없는 눈부신 양적 성장을 이루었다. 하지만 눈여겨볼 점은 발전설비 규모는 6배 늘었는데 송배전설비는 2배 증가에 그쳤다는 사실이다. 특히 수도권의 전력사용 비중은 40%를 넘어서고 있는 실정이다. 발전소의 전기는 넘치지만, 송전선 부족으로 전기를 보낼 수 없는 상황이다. 자동차는 많아졌는데 도로는 부족한 상황과 같다. 물론 고전압 송전기술로 대용량 전송은 가능했지만, 송배전 인프라의 성장은 수요 증가 속도를 따라잡지 못했다.

이제 그 성장에는 분명한 한계가 있다. 초고압 송전선로 건설은 단순한 기술문제를 넘어, 주민 수용성, 환경 및 미관 훼손, 부동산 가치 하락 등 다양한 사회적 문제들이 얽혀 있다. 과거 밀양 송전탑 건설 과정에서 발생했던 극심한 갈등은 이러한 문제가 얼마나 첨예하게 대립될 수 있는지를 보여주는 대표적인 사례이다. 국토가 좁고 산악 지형이 많은 우리나라에서 새로운 송전 경로 확보는 점점 더 어려워지고 있다.

실제 동해안에서 수도권으로 이어지는 초고압 송전망이 충분히 갖춰지지 않아, 발전소에서 생산된 전력을 효과적으로 보내지 못하고 있다. 500kV 초고압직류(HVDC) 송전선은 당초 2019년 완공 예정이었으나, 주민 반발과 행정 절차 지연으로 아직 개통되지 못했다. 동해안의 발전설비 용량은 17GW를 넘지만, 수도권으로 송전할 수 있는 용량은 11.4GW에 불과한 것으로 알려져 있다. 이로 인해 일부 발전소는 출력을 제한하거나 가동을 중단해야 하는 상황이 벌어지고 있다.

전력 수급 문제를 해결하려면 발전기 증설뿐만 아니라 송변전 설비 확충이 병행되어야 한다. 기존 전력계획은 발전소 건설과 송전망 구축을 별개로 추진해왔지만, 이러한 방식은 공급 안정성 확보에 한계를 드러내고 있다. 따라서 수도권과 동해안을 연결하는 송전망 확충과 함께 발전소 운영 최적화를 동시에 고려한 통합 전략이 요구된다. 특히 동해안 발전소들의 가동률 저하 문제는 송전 인프라 제약을 고려하지 않은 계획의 결과라고 볼 수 있다.

이에 따라 '통합자원계획(Integrated Resource Planning, IRP)'의 보다 강력한 적용이 요구된다. 이는 단순히 발전량을 늘리는 것을 넘어, 지역별 수요 패턴과 소비 구조까지 고려한 정밀한 계획이 필요하다는 의미이다. 지역 맞춤형 송전망 구축과 발전소 운영 최적화를 통해 균형 잡힌 전력 공급 체계를 마련할 수 있다. 여기에 스마트 그리드 기술을 결합해 분산에너지를 확대하면, 중앙집중식 시스템의 한계를 보완할 수 있다.

이제는 발전설비와 송전망을 따로가 아닌 '함께' 계획해야 할 때다. 통합된 전략 아래에서만 지속가능하고 유연한 전력 공급 체계가 가능할 것이다. 앞으로는 아래와 같은 말이 없으면 좋겠다.

"전기 만들면 뭐하나, 전기 길이 없는데…"

스페인 대정전이 남긴 경고 :
다음은 우리일 수 있다.

2025년 4월 28일 오후, 이베리아 반도에서 대규모 정전 사태가 발생했다. 오후 12시 33분경, 약 20초 만에 2.2GW에 달하는 발전량이 계통에서 탈락했고, 스페인과 포르투갈 전역이 정전에 휩싸였다. 마드리드, 바르셀로나, 리스본 등 주요 도시에서는 지하철 운행이 멈추고, 신호 체계가 마비되었으며, 통신망, 병원, 공항, 상하수도 등 필수 인프라가 일시적으로 정지됐다. 평범했던 일상이 갑자기 멈춰 섰고, 수많은 사람들이 전기의 존재를 실감하는 순간이었다.

이번 사고의 정확한 원인은 아직 조사 중이지만, 유럽 전력계통운영자 연합(ENTSO-E)과 각국 전력 당국은 여러 기술적 요인이 복합적으로 작용했을 가능성을 분석하고 있다. 사고 전 약 30분간 계통에서는 두 차례의 이상 저주파 진동이 감지되었고, 이후 발전기 탈락, 전압 및 주파수 이상, 송전선 차단 등 연쇄적인 사건이 초 단위로 발생했다. 특히 정전 직전 400kV 송전선 일부에서 과전압 현상이 나타났고, 스페인과 유럽 대륙 간의 연계선이 차단되면서 이베리아 반도는 고립 상태에 놓이게 되었다.

이날 정전 시점, 스페인 계통 전력의 상당 부분이 태양광(약 59%)과 풍력(약 12%) 등 재생에너지로 구성되어 있었다. 이처럼 기상 조건에 따라 출력이 달라지는 에너지원은 계통 운영자에게 새로운 과제를 안긴다. 하지만 정전의 원인을 재생에너지 자체로 단정 짓는 것은 성급하다. 전문가들은 "문제는 에너지원이 아니라, 계통의 복원력과 예측·제어 능력"이라고 지적한다.

마드리드 폴리테크닉대학교의 루이스 바데사 교수는 이번 정전 사고를 여러 문제가 짧은 시간 안에 연달아 일어난 복합 사고로 분석한다. 전압이 너무 높아지고, 발전기가 갑자기 멈추며, 전력망이 분리되고 주파수가 크게 흔들리는 일이 순서대로 벌어진 것이다. 특히 일부 발전기는 전력을 공급하지 못하고 전력망 안정성에 부담을 준 상태로 운전해, 전체 전력망의 회복력을 약화시킨 것으로 보인다. 이에 따라 6단계에 걸쳐 자동으로 부하를 차단하는 장치가 작동했지만, 이번 정전 사태를 막기에는 충분하지 않았다.

이 사건은 현대 전력망이 단순한 에너지 전달 수단이 아닌, 수많은 발전원·수요처·저장장치·제어장치가 실시간으로 상호작용하는 복잡한 시스템임을 다시금 일깨운다. 미세한 불안정이나 예기치 못한 변화에도 계통 전체가 민감하게 반응할 수 있으며, 이에 대한 복원력 확보가 국가 에너지 안보의 핵심 과제가 되고 있다.

우리도 결코 안심할 수 없다. 2011년 9월 15일, 대한민국 역시 대규모 정전을 겪은 바 있다. 기록적인 무더위와 전력 예비력 부족으로 일부 발전기가 정지했고, 순환 정전이 시행되며 국민 생활과 산업 생산에 큰 혼란이 발생했다. 이 사건은 중앙집중형 전력망의 구조적 취약성을 여실히 드러냈다.

2025년 현재, 전력 시스템은 과거와는 비교할 수 없을 정도로 복잡해지고 있다. 재생에너지 확대, 송전 인프라의 부담 증가, 데이터센터 같은 신규 부하의 등장, 그리고 기후변화로 인한 기상이변은 모두 전력망의 유연성과 회복력을 시험하고 있다.

전력망의 안정성은 기술 문제를 넘어, 국가의 안전과 경제를 지탱하는 기반이다. 이제는 단순히 전기를 생산하고 소비하는 시대를 넘어, 그 흐름을 정교하게 설계하고, 위기 상황에서도 작동할 수 있는 회복력 있는 시스템을 구축해야 한다. 불확실성은 언제든 현실이 될 수 있다. 준비된 전력망만이 위기를 견디고, 미래를 열어갈 수 있다. 스페인의 사태를 남의 일로 넘기지 말자. 다음은 우리일 수 있다.

미래 산업을 위한 미국의 전력망 구축 시사점

우리 몸 속에는 전기가 흐른다. 전기 신호가 심장을 뛰게 하고 근육을 움직이며 뇌에 자극을 전달한다. 이를 생체전기(bioelectricity)라고 한다. 사람의 몸은 가만히 있을 때 약 100W의 전기를 생산한다고 한다. 원래 형제였던 워쇼스키 자매는 영화적 상상력을 발휘해 이를 영화 매트릭스에 구현했다. 전쟁 중에 인간이 기계의 에너지원인 태양에너지를 이용하지 못하게 방해하자 기계들은 인간을 붙잡아 생체전기를 뽑아내서 사용한다.

의료분야에서는 생체전기를 질병 진단과 치료에 활발하게 활용하고 있다. 제세동기는 심장이 멈췄을 때 고압전류를 아주 짧은 시간 심장에 통하게 해서 정상적인 맥박으로 회복시킨다. 우울증치료제인 프로작은 몸속에서 액체 형태의 전기로 바꿔서 사람의 기분을 전환한다. 흔히 인바디라고 부르는 생체측정 장치는 생체전기 저항분석법을 이용해 체지방량을 예측한다. 다리와 팔에 약한 전류를 통과시키는데 근육은 전기가 잘 통하고, 지방은 잘 통하지 않는 성질을 이용한다. 체중에 비해 흐르는 전기가 많으면 근육이 많은 것으로, 체중에 비해 흐르는 전기가 적으면 지방이 많은 것으로 추정한다.

전기는 인체 뿐 아니라 탄소중립을 위한 가장 중요한 수단이다. 국제

에너지기구(IEA)의 탄소중립 시나리오는 최종 사용부문의 전기화, 에너지효율 향상, 재생에너지 확대 등을 핵심수단으로 강조하고 있다. 세계 각국은 내연기관차, 가스보일러와 같이 화석연료를 사용하는 기술을 전기차나 히트펌프와 같은 전기를 동력으로 하는 기술로 대체하고 있다. 이는 저탄소 에너지원을 통해 전기를 생산한다는 전제 하에서 이루어진다.

전기 사용량이 늘어남에 따라 전력망의 중요성도 커지고 있다. 전력망의 용량과 유연성을 확장해야 한다. 이를 미국의 사례를 통해 알아보자. 미국은 크게 서부·동부·텍사스주 등 3개 전력망으로 구성돼 있다. 송전 용량 제약으로 이들 전력망 간에는 전력 송전이 거의 없다. 미국은 동부와 서부에 주요 대도시가 있어 인구와 산업이 집중됐다. 수력발전소가 동부와 서부, 화력발전소는 동부와 중부에 몰려 있어 기존 전력 시스템에서는 장거리 송전망이 필요하지 않았다. 그러나 풍력발전과 태양광발전이 증가하면서 상황이 달라졌다. 풍력발전은 중부, 태양광발전은 남부의 자원량이 우수하다. 중부와 남부의 재생에너지로 생산한 전력을 동부와 서부로 보내야 하는데 현재 송전망 용량은 턱없이 부족하다.

미국 로렌스 버클리 국립연구소(LBNL)에 따르면 미국의 발전용량은 1250GW인데, 2022년 말 기준으로 전력망 접속 대기중인 용량은 2000GW 이상이다. 태양광 947GW, 풍력 300GW, 저장장치 670GW가 접속 대기 중이다. 전력망에 접속하려면 평균 5년을 기다려야 한다.

재생에너지의 확대로 인해 향후에는 접속대기 기간이 더 늘어날 전망이다. 미국 국립재생에너지연구소(NREL)는 늘어나는 청정에너지를 수용하기 위해서는 2035년까지 총 송전 용량을 현재보다 1~3배 늘려야 한다고 분석했다. 이는 2026년에 건설을 시작한다고 해도 매년 2253~1만6254km의 송전선을 새로 깔아야 하는 셈이다.

사정은 만만치 않다. SunZia 송전망 건설 사업은 남부 뉴멕시코 풍력단지에서 서부 애리조나와 캘리포니아에 전력을 송전하기 위해 약 800km 길이의 500kV 2개, 송전 용량 4.5GW의 선로를 설치하는 사업이다. 2006년 사업을 시작했지만 지역주민, 환경단체, 지자체, 군부대 등과의 장기간의 협의 과정을 거치며 2025년에 준공 예정이다. 무려 20년이 소요되는 셈이다. 이에 미국 에너지부(DOE)는 2022년 1월 '더 나은 전력망 구축 이니셔티브'를 출범시켰고 같은해 11월에 미국 전력망 현대화와 확장에 13억 달러를 지원한다고 발표했다.

2023년 7월 말 미국에너지규제위원회(FERC)는 신규 발전원의 계통연계 간소화 규정을 만장일치로 승인했다. 이 규정의 주요 내용을 살펴보자.

첫째, 송전망 제공자는 개별 사업 단위가 아닌 여러 사업들을 묶어 전력망 접속 검토를 해야 한다. 사업들을 개별적으로 검토하는 것에 비해 동시에 여러 사업을 검토할 수 있으므로 접속 대기중인 사업들을 처리하는데 효율적이고 지연을 최소화할 수 있다. 접속을 희망하는 사업자는 보증금을 납부해야 하며, 토지 허가 또는 건축 허가를 획득해야 한다. 접속 신청을 철회하면 철회 위약금을 부과한다. 투기적이고 실행이 어려운 접속 신청을 억제하고, 송전망 제공자가 상업운전에 도달할 가능성이 큰 접속 신청에 대한 검토에 집중할 수 있도록 하는 조치이다.

둘째, 송전망 제공자는 정해진 기한 내에 접속 검토를 마쳐야 하며, 기한을 지키지 못하면 페널티를 받는다. 또 표준화되고 투명한 검토 절차를 활용해야 한다. 이를 통해 접속 신청 처리 속도를 높이고자 한다.

셋째, 단일 접속 지점 하에 있는 지역에 복수의 발전설비를 설치할 때 접속 신청을 한 번만 해도 되도록 허용한다. 또한 접속 신청자는 커다란 변동사항이 아니라면 새로운 접속 신청 없이 발전설비를 추가할 수 있다. 발전설비와 저장장치를 동시에 운용하는 사업을 위한 조항이다. 이 규정은 태양광발전과 같은 인버터 기반 자원에 대한 모델링 및 성능 표준도 제시하고 있다.

우리나라의 전기 사용량은 2013년 4748억kWh에서 10년 뒤인 2022년에는 5479억kWh로 약 15% 증가했다. 반도체, 이차전지, 데이터센터 등에 대한 투자 확대와 전기차 확산 등으로 2036년에는 7032억kWh로 2022년에 비해 약 28% 증가할 것으로 전망된다. 사람 몸에 전기가 잘 흘러야 건강하듯이, 우리 산업에도 전기가 잘 공급

될 수 있도록 전력망 관련 규제와 절차를 개선하고 주민 수용성을 높이는 방안을 마련해야 한다.

에너지 지산지소(地産地消)를 위한 분산에너지 시스템 구축

"우리는 언제까지 지방에서 만든 전기를 수도권으로 보내야 할까?"

우리나라의 전력계통을 깊이 들여다보면 결국 이 질문과 마주하게 된다. 지금까지 우리의 전력 시스템은 지방에서 대규모 발전소를 운영하고, 수도권으로 고압 송전해 공급하는 방식이 중심이었다. 수도권은 인구와 산업이 집중된 만큼 전력 수요가 크고, 지방은 넓은 부지와 입지 조건으로 인해 발전 설비가 들어서기에 유리했기 때문이다.

하지만 이 구조는 과연 지속가능한가? 탄소중립이라는 시대적 요구, 기후위기에 따른 공급 불안정성, 에너지 안보와 지역 균형 발전의 필요성, 그리고 기술 혁신은 이 오래된 구조에 근본적인 물음을 던지고 있다. 이 질문에 대한 새로운 해답 중 하나가 바로 '분산에너지 시스템'이다.

분산에너지 시스템은 더 이상 보완재나 실험적 대안이 아니다. 에너지의 생산과 소비를 동일 지역 내에서 해결하는, 다시 말해 '지산지소(地産地消)' 방식으로 에너지의 자급자족을 가능케 하는 실질적인 전략이다. 이는 단순히 소규모 발전소를 도입하는 차원이 아니라, 전기·열·가스·수소 등 다양한 에너지원이 통합 운영되고, 시민이 직접 참여하는 프로슈머 기반의 시장이 형성되며, 디지털 기술을 통해 지능적으로 관리되는 새로운 에너지 패러다임이다. 마치 직거래 장터에서 지역 농산물을 사는 것처럼, 에너지도 지역에서 만들고 지역에서 쓰는 방식으로의 전환이 진행되고 있는 것이다.

중앙집중식 시스템은 대규모 공급에 효율적이지만, 과부하나 송전설비 장애 시 위험이 집중된다. 반면, 분산형 시스템은 지역 단위로 에너지를 감당할 수 있어 위기 상황에서의 회복력과 계통 유연성이 탁월하다. 기후위기로 인한 이상기후와 자연재해로 대규모 정전이 잦아지는 현실에서 열병합발전, 마이크로그리드나 에너지저장장치(ESS) 같은 기술이 주목받는 이유도 여기에 있다.

국외 사례는 이러한 전환의 가능성을 이미 현실로 보여주고 있다. 독일의 슐레스비히-홀슈타인 주는 지역 전력회사가 주민과 힘께 풍력과 태양광을 설치해 에너지 자립률을 크게 끌어올렸다. 일본은 후쿠시마 원전 사고 이후 에너지 자립 마을과 마이크로그리드 확산을 통해 지역 분산형 모델을 제도화하고 있다. 미국 캘리포니아의 CCA(Community Choice Aggregation) 제도는 전력 구매 권한을 주민에게 이양해, 시민이 전력 공급의 방향과 구조를 직접 결정할 수 있도록 하고 있다. 이들은 단지 에너지를 분산시킨 것이 아니라, 에너지의 권한과 결정 구조 자체를 시민에게 돌려준 사례들이다.

우리나라도 변화를 시작했다. 정부는 '미래 지역에너지 생태계 구축

지원사업'을 통해 지역 맞춤형 실증사업을 추진하고 있으며, 일부 지자체는 지역 에너지 계획 수립, 마이크로그리드 구축, 디지털 에너지 플랫폼 개발 등을 실천 중이다. 이 과정에서 주목해야 할 점은, 분산에너지 시스템이 단지 기술적 실험이 아니라 지역경제에 실질적인 이익을 가져다주는 전략이라는 것이다. 지역 내에서 에너지를 생산하고 소비하면, 유지·운영 인력의 고용, 지역 설비 투자, 운영 수익의 지역 환류 등이 가능해진다. 에너지를 외부에서 구매하지 않아도 되니 지역 자금의 유출도 줄어들고, 지역 내 경제 순환은 더욱 활발해진다.

향후에는 디지털 기반의 에너지관리시스템(EMS), AI 기반 수요예측, 블록체인 기반의 에너지 거래, 전기·열·수소 연계 시스템 등이 본격 도입될 것이다. 이러한 기술이 융합되면 에너지 자립을 넘어서 지역 간 에너지 거래와 경제 자립이라는 새로운 기회가 창출된다. 분산에너지 시스템은 지역이 에너지의 소비자가 아닌 '에너지 거버넌스의 주체'로 변화하는 출발점이기도 하다.

결국 분산에너지는 단지 기술적인 옵션이 아니라, 에너지 권한의 구조적 전환이자 지역이 주도하는 새로운 성장 전략이다. 이제는 지역이 에너지의 주인으로서 주체가 되어야 할 때다. 더 똑똑하게, 더 유연하게, 더 지속가능하게. 분산에너지 시스템은 대한민국의 에너지 미래를 여는 핵심 열쇠가 될 것이다.

난이도 높아진 전력망 운영 해결사로 등장한 AI

1902년 6월부터 스위스 특허국에서 특허 신청 서류를 검토하는 지루하고 평범한 일을 하던 아인슈타인은 이 덕분에 생각할 시간이 많았다. 1905년 여름, 아인슈타인은 다섯 편의 논문을 발표했다. 이 중 하나가 〈빛의 발생과 변환에 관한 하나의 모색적 관점에 대하여〉라는 다소 모호한 제목의 논문이다. 광전효과를 다룬 이 논문으로 아인슈타인은 노벨상을 탔다. 이 논문은 한 세기가 지나서 등장한 태양광 산업의 이론적 기초가 됐다. 태양광 발전이 태양 빛을 전기로 바꾸는 빛의 연금술이 된 것이다.

고대 이집트에서 바람을 이용한 배의 돛대는 노예와 함께 주요한 동력원이었다. 중세시대 유럽에서는 풍차를 이용해 곡물을 빻았다. 네덜란드는 풍차를 제방 뒤쪽의 습지나 호수에서 물을 빼내 농경지를 만드는 데 사용했다. 유럽의 풍차는 밀을 빻는 것부터 용광로의 풀무를 돌리는 등 다양한 산업적 용도로 활용됐다. 19세기에 증기기관이 발명되기까지 수 백년 간 유럽 산업에너지의 4분의 1은 바람에서 나왔다.

우리는 수시로 전등과 TV를 켜고 끈다. 전력망은 수시로 변하는 전력 수요에 신속하게 대응하기 위해 '급전가능(dispatchable)'한 발전원을 필요로 한다. 컴퓨터를 켜는 순간 바로 전기가 공급돼야 한다. 태양광과 풍력은 태양이 얼마나 강렬하고 바람이 어느 정도 부는지에 따라 발전량이 수시로 달라진다. 이런 변동성은 태양광과 풍력 산업 성장에 장애로 작용한다.

재생에너지 보급이 많은 국가의 전력망은 에디슨과 테슬라가 살았던 100여 년 전 전력망을 처음 도입했을 때와 매우 유사하게 작동한다. 날씨, 시간대, 요일, 계절에 따라 전력 수요와 공급을 맞추기 어려워진다. 대규모 송전 또는 발전 시설의 예기치 않은 손실과 같은 우발적 상황에 대한 관리도 중요해진다. 재생에너지가 늘어나면서 이런 불확실성과 변동성을 관리하기 위해서는 새로운 접근 방식이 필요하다.

전력 시스템의 유연성을 확보하는 방식에는 발전소, 전력망, 수요 측 대응, 에너지 저장과 같은 네 가지가 있다. 국제에너지기구(IEA)는 재생에너지 발전량이 70% 이상을 차지할 때 기후 조건에 따라 비용 최소화를 위해 유연성 자원을 어떻게 조합하는 것이 최적인지에 대한 연구 결과를 발표했다. 이를 쾨펜-가이거 기후 구분에 따라 온대, 열대, 건조, 대륙성 기후와 같은 네 가지 기후로 구분해 살펴보자.

여름이 무더운 '온대 기후'에서는 여름에 냉방 수요로 인해 최대 전력수요가 발생하고, 겨울에 난방 수요로 인해 이 보다는 작은 피크가 발생한다. 겨울에는 평균적으로 풍속이 높아 풍력이 피크 수요 대응에 도움이 되고, 일사량과 강수량이 많은 여름은 태양광과 함께 수력을 활용하는 것이 적절한 것으로 나타났다. '열대 기후'에서는 연중 전력 수요가 일정하다. 그러나 계절별로 풍속이 크게 달라지므로 건기에 공급 과잉이 발생한다. 우기에는 수력을 보완적으로 활용하는 것이 바람직하다. '건조 기후'에서는 계절별 전력 수요가 일정한 편이다. 태양광 발전량도 연중 균일하지만, 풍력 발전은 연초의 짧은 우기 동안에는 크게 줄어드는 점을 고려해야 한다. 우리나라와 같은 '대륙성 기후'에서는 여름에 일사량이 최고조에 달하고, 겨울에 강한 바람이 분다. 태양광과 풍력이 상호보완적이므로 계절적 변동성에 대응하기가 상대적으로 용이하다.

2023년 세계기상기구(WMO)는 7년 만에 엘니뇨 현상이 발생했다고 발표했다. 미국 해양대기청(NOAA)에 따르면 엘니뇨로 인해 일반적으로 겨울에 아시아 대부분과 캐나다 서부의 날씨가 따뜻해지고, 중국 남부와 미국에 강수량이 늘어난다. 여름에는 호주, 인도, 인도네시아, 필리핀, 특히 중미에 건조한 날씨를 일으킨다. 엘니뇨로 인한 가뭄 때문에 세계에서 가장 붐비는 곳 중 하나인 파나마 운하에 병목 현상이 발생하고 있다. 파나마 운하는 배가 산을 넘어야 해서, 갑문에 물을 채워 배를 높이 띄워 운하를 지나가게 한다. 가뭄으로 인해 운하에 물을 공급하는 가툰호(Gatun Lake)의 수위가 낮아졌다. 이에 운하를 통과할 수 있는 선박 수가 줄었다. 전체 LNG 거래의 약 20%를 차지하는 아시아로 향하는 미국 LNG 선박이 가장 큰 영향을 받을 것으로 예상된다. 가스 발전소는 신속하게 켜고 끌 수 있어 태양광과 풍력 발전의 변동성에 대한 백업 발전으로 유용한 데, 엘리뇨의 영향 때문에 가스 가격의 변동성이 커질 수 있다.

기후는 인류 역사에 큰 영향을 끼쳐왔고 지금도 그렇다. 농경사회의 농민은 갈라진 논을 바라보며 비가 오기를 기도했고, 따뜻한 햇볕으로 벼가 익기를 소망했다. 햇빛과 바람을 이용해 전기를 생산하는 현대 사회에서 다시 기후에 대한 의존도가 커졌다. 그러나 우리는 천수답 앞에서 기우제를 올리지 않아도 된다. 산초 판자가 '아무리 봐도 풍차가 틀림없다'며 말렸지만, 30개가 넘는 거대한 괴물을 향해 창을 겨누고 돌격한 돈키호테가 될 필요도 없다. 발달한 인공지능과 모델링 기법을 토대로 기후에 대한 더 많은 연구를 통해 기후를 예측하고 어떻게 대응할지 차근차근 준비하면 된다.

전통 발전소를 넘어 : VPP의 가능성과 도전

한때 전력 공급은 대규모 발전소에서 송전망을 따라 수요처로 일방향적으로 흐르는 단순한 구조였다. 그러나 재생에너지의 보급과 디지털 기술의 발전은 이러한 전통적인 전력 시스템의 패러다임을 근본적으로 흔들고 있다. 그 대안으로 주목받는 개념이 바로 통합발전소(Virtual Power Plant, VPP)이다.

통합발전소는 말 그대로 눈에 보이는 물리적 발전소 없이도 발전소처럼 기능하는 시스템이다. 분산된 재생에너지 설비(태양광, 풍력 등), 에너지 저장장치(ESS), 전기차 충전기, 스마트계량기 등의 수많은 분산자원을 디지털 플랫폼에서 하나로 통합·제어하여 실제 발전소처럼 전력 공급을 조정하는 방식이다. 이 개념은 1997년 경제학자 Dr. Shimon Awerbuch가 제시한 『Virtual Utility』에서 비롯되었으며, 이후 유럽과 미국을 중심으로 기술과 시장제도의 진화를 통해 현실화되고 있다.

독일의 NEXT Kraftwerke는 유럽 VPP 시장의 선구자다. 13,000개 이상의 분산형 자원을 하나의 플랫폼으로 묶어 10GW 이상의 집합 용량을 운영하며, 전력시장의 수요반응과 예비전력 공급 등 다양한 시장 서비스에 참여하고 있다. 단일 재생에너지 사업자가 할 수 없는 시장 대응을 집합의 힘으로 실현하는 셈이다. 미국에서는 테슬라(Tesla)가 VPP의 대중화를 이끌고 있다. 테슬라는 자사의 가정용 배터리인 Powerwall을 가정에 설치하고 이를 클라우드 기반으로 연결해 지역 전력망과 연계한 VPP를 운영 중이다. 실제로 2022년 8월, 캘리포니아에서 약 3,500가구의 Powerwall을 활용하여 최대 24MW의 전력을 공급하며 정전 위기를 넘긴 사례는 VPP의 실효성을 입증한 대표적인 사례로 평가된다.

우리나라도 2023년 「분산에너지 활성화 특별법」 제정을 통해 '통합발전소'라는 이름으로 제도적 틀을 마련했다. 기존의 소규모 전력중개사업 제도도 VPP의 씨앗 역할을 하고 있다. 2018년부터 시행된 이 제도는 20MW 미만의 태양광, 풍력, 그리고 보조자원으로서의 ESS 등을 중개사업자가 집합자원(Aggregated Resource)으로 구성해 전력시장에 입찰할 수 있도록 했다. 하지만 현재의 시장 설계는 여전히 대규모 발전 중심으로 설계되어 있어, 소규모 분산자원이 실질적인 수익을 얻기는 어렵다. 정산 방식의 불합리, 예측 정확도 요구 수준, 통신기반시설 부족 등은 여전히 해결해야 할 과제들이다.

VPP의 성공은 단지 기술적 연결만으로 이루어지지 않는다. 디지털 기반의 정밀한 제어 기술, 데이터 분석을 통한 예측 정확도 향상, 사이버 보안 강화, 그리고 무엇보다 이를 뒷받침할 시장 규칙과 인센티브 체계가 함께 구축되어야 한다. 또한 지역 특성을 반영한 맞춤형 플랫폼이 중요하다.

VPP는 단순한 기술이 아니라 전력 시스템의 운영 방식을 바꾸는 새로운 거버넌스 모델이다. 생산과 소비의 경계를 허물고, 수많은 개인과 기업이 전력시장에 참여하는 분산형 참여 모델이다. 기존의 중앙 집중형 에너지 시스템에서는 상상할 수 없었던 유연성과 회복력을 가능하게 한다.

전통 발전소의 시대가 저물고 있다. 이제는 모두가 발전소가 되는 시대, 바로 통합발전소의 시대가 다가오고 있다. 기술과 제도가 조화를 이룬다면, 우리는 단지 전기를 소비하는 사용자를 넘어 에너지 생태계의 주체이자 생산자로 거듭날 수 있다.

전기화, 에너지 전환의 중심축이 된다.

전기화(electrification)란 최종 소비단에서 화석연료 기반의 에너지 사용을 전기로 전환하는 과정을 의미한다. 이는 단순한 에너지원 교체를 넘어서, 탄소중립을 위한 구조적 전환이라는 측면에서 큰 의미를 가진다. 전기는 태양광, 풍력, 수력, 원자력 등 다양한 비화석 에너지원으로 생산될 수 있기 때문에, 소비 부문의 전기화를 추진하면 전체 에너지 시스템의 탈탄소화 속도를 높일 수 있다. 이러한 이유로 전기화는 수송, 난방 및 산업 부문에서 동시에 추진되고 있으며, 각국 정부와 기업의 전략에서도 핵심 개념으로 자리 잡고 있다.

다시 말해, 전기화는 전력수요의 증가를 야기할 수 있지만, 저탄소 전원의 확충과 수요 부문에서 청정에너지를 사용하기 때문에 결과적으로 전체 시스템에서 온실가스 감축 목표 달성이 가능한 수단이라고 할 수 있다. 결국 수요 측의 무탄소 소비와 공급 측의 무탄소 전력생산이 함께 이루어져야 한다는 것을 의미한다.

국제에너지기구(IEA)의 보고서에 따르면, 2023년부터 2026년까지 글로벌 전력 생산의 CO_2 배출 집약도가 연평균 4% 감소할 것으로 예상되며, 이는 팬데믹 이전(2015~2019년)의 2% 감소율보다 두 배 빠른 속도다. 특히 유럽연합(EU)은 연평균 13%의 감축률을 기록할 것으로 전망되며, 중국(6%)과 미국(5%)도 상당한 개선을 보일 것으로 예상된다. 이러한 배출 집약도 감소는 수송, 난방 및 산업 부문의 전기화가 더욱 효과적인 탄소 감축 수단이 되고 있음을 의미한다. 즉, 전기차, 전기 히트펌프, 전기 기반 산업 공정이 더욱 친환경적인 선택이 될 가능성이 높아질 것이다.

전기화가 가장 빠르게 진행된 분야는 단연 수송 부문이다. 전기차는 글로벌 시장에서 주류 기술로 자리 잡고 있으며, BloombergNEF의 보고서에 따르면 2023년 전 세계 신규 승용차 판매 중 전기차가 차지한 비율은 약 18%에 달한다. 노르웨이는 전기차 보급의 대표적인 성공 사례로, 2023년 신규 차량 판매 중 90% 이상이 전기차였다. 이는 정부의 세금 인센티브, 도심 통행료 면제, 충전 인프라 확충 등의 종합적 정책 지원이 이룬 결과다. 중국 역시 세계 최대 전기차 시장으로, 2023년 한 해 동안 약 800만 대 이상의 전기차가 판매되었다. 이처럼 전기차는 단순한 친환경 이동 수단을 넘어서 전력망의 유연성 자원으로도 기능할 수 있다. V2G(Vehicle to Grid) 기술을 통해 전기차 배터리를 일시적인 에너지 저장 장치로 활용하는 시도가 본격화되고 있다.

건물 부문에서는 난방 전기화가 중요한 전환 지점이다. 기존에는 천연가스나 석유 보일러를 이용한 난방이 주를 이뤘지만, 최근에는 전기를 이용한 히트펌프(Heat Pump)가 주목받고 있다. 히트펌프는 전기 에너지를 투입해 외부의 열을 끌어오는 방식으로 작동하기 때문에, 같은 열량을 생산하는 데 필요한 에너지 소비가 적고, 탄소 배출도 대폭 줄일 수 있다. IEA에서 전망한 자료에 따르면, 2030년까지 히트펌프는 전 세계 건물 난방 수요의 약 25%를 충당할 것으로 예상되며, 이는 현재의 두 배 이상 증가한 수치다. 유럽에서는 러시아-우크라이나 전쟁 이후 가스 공급 불안정성을 계기로 히트펌프 수요가 급증했다. 프랑스는 2030년까지 히트펌프 설치를 3배 이상 확대하겠다는 계획을 내놓았고, 독일도 신축 건물에는 가스보일러 대신 히트펌프 설치를 의무화하고 있다. 미국도 2022년 '고효율 전기주택 리베이트법(HEEHRA)'을 통해 저소득 가정에 히트펌프 보조금을 지원하고 있으며, 기존 HVAC(Heating, Ventilating, and Air Conditioning) 시장의 전환을 유도하고 있다. 우리나라 역시 제로에너지빌딩 의무화, 전기보일러 보급 확대 등과 함께 히트펌프 기반 시스템의 확산을 추진 중이다.

산업 부문은 전기화가 비교적 더딘 분야다. 제철, 시멘트, 화학 등 고온 열과 연속 공정이 필요한 산업은 아직까지 화석연료 의존도가 높다. 그러나 전기 아크로를 활용한 제철 공정 등 일부 영역에서부터 점진적인 전기화가 추진되고 있다. 스웨덴의 'HYBRIT(Hydrogen Breakthrough Iron-making Technology) 프로젝트'는 수소 기반 철강 생산을 목표로 하고 있으며, 재생에너지 전력을 활용해 철광석을 직접환원철로 환원한 후 전기 아크로에서 제철하는 방식이다. 이 기술은 기존 고로 대비 최대 90% 이상의 온실가스 감축 효과를 낼 수 있다고 평가받고 있다.

이러한 전기화 흐름은 분산에너지 시스템과의 시너지 속에서 더욱 강력한 변화를 만들어낼 수 있을 것으로 기대된다. 태양광이나 풍력처럼 분산형 재생에너지로 생산된 전기를 소비자가 직접 사용하는 구조는 에너지 자립도를 높이고 송배전 손실을 줄인다. 마이크로그리드, 에너지저장장치(ESS), 스마트 인버터 등의 기술은 전기화된 수요와 분산형 공급이 유기적으로 연계되도록 만든다. 미국 캘리포니아주에서는 전기차와 태양광, ESS가 결합된 '가정형 에너지 자급 모델'이 보급되고 있으며, 일본은 지역별 마이크로그리드를 통해 재난 시 에너지 공급의 회복탄력성을 확보하고 있기도 하다.

전기화는 단순히 기술만 바꾸는 것을 넘어서, 에너지 시스템 전반을 재설계하는 과정이다. 기술 외에도 제도적 기반, 요금 체계, 소비자 수용성 등 복합적인 조건들이 맞물려야 한다. 예를 들어, 전기요금이 상대적으로 높거나 정전 위험이 큰 지역에서는 전기화 속도가 더딜 수밖에 없다. 따라서 안정적인 전력 공급, 합리적인 가격 체계, 그리고 재생에너지와의 통합이 함께 이루어져야 한다.

전기화는 기후위기 대응, 에너지 안보 및 산업 경쟁력을 동시에 실현할 수 있는 전략적 도구다. 그러나 그 잠재력을 현실화하기 위해서는 정책, 기술, 시장의 유기적인 협력이 필수적이다. 지금이야말로 전기화의 속도를 높이되 그 방향을 정교하게 조율해야 할 시점이다. 우리가 어떤 에너지 체계를 만들지에 대한 선택, 그 중심에 전기화가 있으며 이는 곧 새로운 시대의 출발점이다.

전력망의 유연성을 높이는 ESS :
지역과 시간 맞춤형 솔루션

전기는 독특한 에너지다. 생산되자마자 즉시 소비되어야 했고, 예전에는 남겨둘 수도, 쟁여둘 수도 없었다. 곡물은 창고에, 식품은 냉장고에, 돈은 금고에 보관할 수 있지만, 전기에는 그런 저장 공간이 허락되지 않았다. 그래서 전력시스템은 늘 '실시간'을 원칙으로 작동했고, 발전과 소비의 정밀한 균형을 맞추는 일이 전력계통 운영자들의 주요 과제였다.

그러나 에너지저장시스템(Energy Storage System, ESS)의 등장으로 전기에도 비로소 '시간'과 '공간'의 개념이 생겼다. ESS는 단순한 배터리가 아니라, 전기에 시간성과 공간성을 부여하는 핵심 기술이다. 즉, ESS는 '시간을 저장하는 냉장고'이자 '전기를 맡기는 은행'이라 할 수 있다.

ESS 기술은 다양하다. 높은 에너지 밀도와 빠른 응답성을 갖춘 리튬이온배터리, 장주기 저장에 적합한 플로우 배터리, 전통적인 양수 발전, 압축공기저장(CAES : Compressed Air Energy Storage) 및 초전도자기저장(SMES : Superconducting Magnetic Energy Storage) 등이 있다. 다만, SMES는 극저온 유지와 높은 비용 때문에 현재는 상용화 규모가 제한적인 기술임을 덧붙인다. 중요한 점은 단순히 전기를 저장하는 것을 넘어, 언제 어디서 어떻게 사용할지를 정밀하게 설계할 수 있다는 것이다.

ESS는 시간대별 운영 전략이 가능하다. 예컨대 낮에 남는 태양광을 밤에 활용하는 '일간형 ESS', 주말이나 휴일에 저장해 평일에 사용하는 '주간형 ESS', 계절 간 수급 불균형을 메우는 '계절형 ESS' 등 다양한 형태가 가능하다. 이러한 시계열적 운영 전략이 ESS 효율성을 극대화하는 핵심이 되고 있다.

또한, 지역별 ESS 운영 전략도 중요하다. 산업단지에서는 피크 부하 절감과 전기요금 최적화, 농촌이나 도서 지역에서는 재생에너지 연계와 에너지 자립, 도시에서는 전기차(V2G) 및 데이터센터 전력품질 유지 등 다양한 목적에 따라 ESS가 운영된다. 동일한 ESS라도 위치와 수요 특성에 따라 그 가치와 기능은 전혀 달라진다.

이러한 시공간적 운영이 가능하려면, 정교한 수요 예측, 기후 변수 분석, 부하 패턴 파악 등 데이터 기반의 설계와 운영이 필수다. AI 기반의 에너지관리시스템(EMS), 스마트계량기, 지능형 전력망 등이 ESS를 중심으로 유기적으로 연결되어야 한다. 이제는 단순히 ESS 용량을 늘리는 데서 벗어나, 적시적소에 ESS를 배치하는 전략이 더욱 중요해졌다. 비용효과적인 자원투입은 우리가 지향해야 할 가치가 되며, ESS 초기 투자 비용 대비 운영 효율성과 경제성이 점차 개선되고 있음을 주목할 필요가 있다.

이제 ESS는 단순히 '전기를 저장'하는 수단을 넘어서, 한전의 전력망 안정성과 투자 효율성을 높이는 핵심 인프라로 활용할 수 있다. 전통적인 방법으로는, 전력 수요에 따라 송배전망 확충이 필요한 경우, 새로운 송전선 건설이나 변전소 증설이 뒤따랐다. 그러나 이제는 특정 지역의 피크 부하를 ESS로 흡수하거나, 병목 현상을 완화함으로써 송배전 설비 투자 없이도 동일한 효과를 낼 수 있다. 이러한 방식을 NWA(Non-Wires Alternatives), 즉 '비증설 송전망 대안'으로 부르며, 비용과 환경 측면에서 매력적인 해법으로 주목받고 있다.

예컨대 급격한 부하 증가가 예상되는 신도시 지역이나 재생에너지 발전이 집중된 지역에 ESS를 배치하면, 전력계통의 안정화는 물론 한전의 송전망 투자 비용도 절감된다. 나아가 이러한 분산형 ESS는 부하 이동(load shifting), 주파수 조정, 예비력 제공 등 다양한 계통 서비스도 동시에 수행할 수 있어, 전력망의 유연성과 복원력을 크게 높인다.

해외에서는 이미 이 같은 방향으로 전환이 이루어지고 있다. 독일은 지역 단위 분산형 ESS를 통해 전력 자립형 커뮤니티 모델을 구축하고 있고, 미국 캘리포니아주는 주택용 ESS를 VPP(Virtual Power Plant) 형태로 통합해 운영 중이다. 호주는 2017년 세계 최대 규모의 리튬이온 ESS 프로젝트인 Hornsdale Power Reserve를 통해 전력계통 안정성과 비용 절감을 달성했다. 이후 2020년대 들어 용량이 150MW에서 300MW로 증설되는 등 확대되고 있다.

우리나라의 ESS 산업은 성장통을 겪었지만, 이제는 방향 전환이 필요하다. 단순히 "총량 확대"가 아닌 "정밀한 운영 설계"로 ESS의 가치를 극대화해야 한다. 지역·시간을 기준으로 ESS를 최적 설계하고, 이를 중심으로 운영할 수 있는 체계를 갖추는 것이 곧 미래 에너지 시스템의 경쟁력이다.

하나의 사례로, 제주도에서 NWA 기술을 활용한 ESS의 적용이 계획되고 있다. 한전 DSO-MD 제주센터는 민간에서 구축한 에너지저장시스템과 연계하여 안정적인 전력시장 참여를 지원하고, 제주 표선면 배전선로의 피크부하 저감을 통해 NWA 효과를 도출할 예정이다. 이를 통해 ESS 자원의 지역별 적용에 따른 실제적인 검증이 될 것으로 전망된다.

전기는 이제 더 이상 실시간으로만 소비되는 에너지가 아니다. 저장되고, 예측되고, 설계되는 에너지로 진화하고 있다. ESS는 이러한 변화를 이끄는 중추적 기술이다. 이제는 전기를 저장하는 것보다 중요한 질문이 있다.

이제 중요한 질문은 "언제, 어디서, 어떻게, 왜 꺼내 쓸 것인가?"이다.

그 질문에 답할 수 있을 때, 우리는 진정한 에너지 전환 시대를 준비할 수 있을 것이다.

열과 전기의 동시혁명, CHP의 미래

우리는 에너지 전환의 새로운 국면에 들어섰다. 열과 전기를 각각 따로 생산하던 기술에서 조금 벗어나, 열과 전기를 동시에 생산하는 기술, 열병합발전(Combined Heat & Power, CHP)에 관심을 가질 필요가 있다. 우리나라의 화력발전소 평균 효율은 약 40%로, 에너지의 절반 이상이 배기가스와 냉각수 형태로 손실되고 있다. 만약 이 에너지를 다시 활용할 수 있다면, 막대한 에너지 손실을 줄이고 온실가스 감축에도 실질적인 성과를 낼 수 있다.

CHP는 전기와 열을 동시에 생산해 종합 효율을 80~90% 수준까지 끌어올릴 수 있는 고효율 시스템이다. 인천 송도국제도시의 열병합발전소는 약 80% 이상의 효율로 전기와 열을 동시에 공급하고 있다. 덴마크 코펜하겐은 도시난방의 약 98%를 CHP와 산업 폐열 회수로 충당하고 있으며, 하수처리장·소각장·산업단지에서 발생하는 열을 하나의 배관망에 통합하여 연간 수백만 톤의 탄소를 감축하고 있다.

일본 요코하마시는 연료전지와 CHP 기반의 마이크로그리드를 실증 운영하며, 재난 시 최대 72시간까지 자립형 전기·열 공급이 가능하도록 설계하고 있다. 이는 도시의 에너지 자립과 복원력을 동시에 강화할 수 있는 미래형 인프라로 평가된다.

전기와 열이 함께 필요한 수요처는 의외로 많다. 병원, 산업단지, 대학교, 복합단지 등은 계절별로 난방·온수·냉방 수요가 집중된다. 열병합발전은 이러한 수요를 지역단위에서 통합 관리할 수 있어, 흡수식 냉동기와 연계한 여름철 냉방까지 아우르는 계절 순환형 에너지 관리가 가능하다. 전기와 열이 하나의 시스템 안에서 최적 운영될 수 있는 구조다.

이제는 CHP가 태양광, 연료전지, 에너지저장장치(ESS) 등 다양한 분산에너지와 결합된 스마트 마이크로그리드 형태로 진화하고 있다. AI 기반 에너지관리시스템과 연계되면서 지역사회의 자립성과 복원력을 동시에 높이는 기술 플랫폼으로 확장되고 있다.

그러나 한국에서는 여전히 제도적 병목이 해소되지 않고 있다. 전력 중심의 제도 설계, 복잡한 인허가 절차는 CHP의 확산을 억누르고 있다. 탄소중립 정책도 전력 배출량 중심으로 설계돼 있어, 열까지 통합적으로 활용하는 CHP의 감축 효과는 저평가되고 있다.

CHP는 기술 이상의 것이다. 그것은 전기를 넘어 '열'이라는 에너지의 가치를 제공하는 방식이자, 도시 단위의 통합 에너지 그리드를 가능케 하는 도구다. 향후 열에너지의 가치를 반영한 인센티브와 지원 체계를 마련할 필요가 있으며, 수도권 전력수요 대응에 기여하는 분산전원으로서의 역할을 중요하게 재조명해야 한다.

효율은 숫자가 아니라 철학이다. 같은 에너지로 더 많은 가치를 만드는 것, 버려지는 자원을 다시 순환시키는 도시만이 지속 가능한 미래로 나아갈 수 있다. 열병합발전은 그 철학을 가장 정직하게 구현하는 기술이다. 열과 전기의 동시혁명은 이제 선택이 아니라 필수다. 이때 열병합발전 기술은 저탄소화를 동시에 지향하는 혁신적 노력도 기울여야 할 것이다. 우리는 이미 그 열을 가지고 있다. 이젠, 제대로 쓰기만 하면 된다.

열에너지, 분산에너지에서 해답을 찾다.

인류가 가장 먼저 사용한 에너지원은 바로 '불'이었다. 약 백만 년 전, 인류는 부싯돌을 이용하거나 마찰열을 발생시켜 불을 만들었고, 이를 통해 추운 겨울을 견디고 음식을 익혀 먹는 등 기본적인 생존에 필요한 에너지를 확보하는 경험을 가지게 되었다. 이처럼 열은 에너지의 역사에서 인류가 최초로 접한 자원이자, 생존과 문명의 출발점이었다.

문명의 진화와 함께 에너지원도 다양화되었고, 이에 따라 에너지 기술과 시스템 역시 시대적 요구와 기술 발전에 발맞춰 끊임없이 진화해 왔다. 산업혁명은 에너지 활용 방식에 대전환을 가져온 시기였다. 1차 산업혁명에서 등장한 증기기관은 수증기의 열에너지를 기계적 동력으로 전환시켰고, 1769년 제임스 와트가 이를 개량하면서 철도와 산업 현장에서 광범위하게 사용되었다. 철도는 이동의 혁신을, 공장은 생산력의 혁신을 경험했고, 열에너지는 산업 사회의 동력원으로 확고히 자리매김했다. 이후 증기터빈을 통한 전력 생산이 본격화되며 전력산업의 기틀이 마련되었으나, 이 모든 출발점 역시 '열'이었다. 이처럼 초기의 열에너지는 주로 국지적인 공간에서, 분산된 방식으로 활용되어 왔다.

열에너지는 산업뿐 아니라 주거와 생활에도 밀접한 에너지원이다.

과거에는 연탄보일러가 널리 사용되었지만, 도시가스 보급 확대로 가스보일러가 대중화되었고, 공동주택의 확산과 함께 대용량 보일러 시스템이 등장하면서 열의 생산과 소비가 개별 가정에서 지역 단위로 확장되기 시작했다. 이러한 변화는 지역난방 시스템의 도입으로 이어졌으며, 한국지역난방공사 등 공기업이 이를 주도하였다. 최근에는 히트펌프, 지역 열네트워크, 산업 폐열 재활용 시스템 등 고효율의 분산형 열에너지 기술이 빠르게 보급되고 있다.

전력은 발전 – 송전 – 변전 – 배전 등 여러 단계를 거쳐 광역망을 통해 공급된다. 특히 재생에너지 확대와 함께 시스템은 더욱 복잡해졌고, 중앙집중형 공급 방식의 한계가 뚜렷해지고 있다. 반면 열에너지는 애초부터 생산과 소비가 동일 지역 내에서 이뤄지는 분산형 구조를 가졌다. 수도권과 같이 밀집된 대도시에서는 공급 규모가 커지며 열망이 광역화되기도 했지만, 본질적으로는 '지역에서 생산해, 지역에서 소비하는' 구조를 유지하고 있다. 이는 분산에너지 시스템의 이상적인 모델과도 맞닿아 있다.

모든 에너지 시스템에는 보편적인 해답이 존재하지 않는다. 효율성과 최적 해법은 시대와 조건에 따라 달라진다. 중요한 것은 현재 우리가 놓치고 있는 자원의 특성과 장점을 다시 바라보는 일이다. 최근 제정된 「분산에너지 활성화 특별법」에서는 열에너지를 분산에너지의 범위에 포함시켜 시간당 430Gcal 이하의 소규모 단위로 정의함으로써, 분산형 에너지원으로서의 가능성을 제도적으로 명확히 하였다. 또한 전 세계 최종 에너지 소비의 약 50%가 열에너지라는 점은, 열이 분산에너지 시스템의 한 축을 담당해야 함을 강하게 시사한다.

해외에서는 열에너지의 분산형 활용이 도시 정책의 핵심 요소로 자리 잡고 있다. 덴마크의 수도 코펜하겐에서는 '코펜힐(Copenhill)'이라는 시설을 통해 산업 폐열을 지역난방망에 공급하고 있다. 이 시스템은 2019년 개장 이후 연간 44만톤의 쓰레기를 소각하여 도시 전역 약 18만 가구의 열수요를 충당함과 동시에 연간 탄소배출량을 107,000톤 감축함으로써, 에너지 자립과 온실가스 감축의 대표 사례로 평가받고 있다. 우리 역시 전력 중심의 분산에너지 정책을 넘어, 열에너지를 인증하고 거래할 수 있는 제도적 기반을 갖춘다면 완전히 새로운 에너지 시장이 열릴 수 있다.

열에너지는 우리 주변 곳곳에 존재한다. 산업 현장의 폐열, 상업용 건물의 냉난방 잉여열, 데이터센터의 방열 등은 모두 아직 활용되지 않은 소중한 자원이다. 이제는 이 숨은 열을 찾아내고, 지역 단위에서 효율적으로 순환시키는 시스템을 구축해야 할 시점이다. 열에너지의 잠재력을 극대화하고 이를 새로운 성장 동력으로 전환할 수 있다면, 다른 에너지의 투입을 줄이고, 온실가스 감축에도 실질적인 기여를 하게 될 것이다. 그리고 그것은 곧 분산에너지 시스템의 또 다른 축을 단단히 세우는 일이 될 것이다.

섹터커플링 : 통합 에너지 그리드의 시작

지속 가능한 에너지 시스템으로의 전환은 기존의 분절된 인프라를 뛰어넘는 혁신에서 출발한다. 섹터커플링(Sector Coupling)은 전력, 난방, 수송 등 개별적으로 운영되던 에너지 부문을 하나의 통합된 시스템으로 연결함으로써, 에너지 효율을 높이고 탄소 배출을 줄이는 데 핵심 역할을 한다. 이러한 섹터커플링의 가장 대표적인 방법은 재생에너지 확대로 발전량이 증가함에 따라 남는 전기를 다른 에너지 소비부문으로 전기화(electrification)하여 효율적으로 활용하는 전략으로, 섹터커플링은 전력 중심 구조를 넘어 다양한 에너지 형태 간 상호작용을 촉진하는 통합에너지시스템의 미래형 해법이라 할 수 있다.

기술적으로 섹터커플링은 전력을 열(Power to Heat), 수송(Power to Mobility), 가스(Power to Gas) 등 서로 다른 에너지로 전환해 저장하는 것뿐만 아니라 에너지 시스템 간의 상호작용을 통해 전체 에너지 흐름을 최적화하는 것을 포함한다. 이러한 기술은 태양광이나 풍력처럼 출력이 변동하는 재생에너지의 간헐성과 불확실성을 보완하는 유연한 수단으로 작동한다. 에너지 시스템 간 경계를 허물고 상호 운용 가능한 통합 그리드로 연결하면, 재생에너지를 낭비 없이 활용하고 전체 에너지 흐름을 최적화할 수 있다.

독일은 섹터커플링 전략의 선도 국가로 꼽힌다. 2023년 기준 독일은 재생에너지 전력 비중이 약 45~50%에 달하며, 이를 다양한 부문에 연계해 활용하고 있다. 베를린 일부 지역난방 구역에서는 전력을 열로 전환해 수천 가구의 난방 수요를 지원하는 시스템이 운영되고 있다. 이러한 모델은 전력망 과부하를 줄이고, 재생에너지 잉여 전력을 효과적으로 활용하는 방안으로 주목받는다.

덴마크는 전력과 열 공급 시스템 간의 유기적 연계를 통해 섹터커플링의 모범 사례를 보여준다. 코펜하겐 지역난방은 거의 전 지역에서 중앙집중식으로 운영되며, 60% 이상을 재생에너지 및 폐열로 공급해 연간 수십만 톤 규모의 CO_2 배출량 감축 효과를 보고하고 있다. 이처럼 전력과 난방 시스템 간 연계는 에너지 낭비를 줄이고, 도시 단위의 온실가스 감축 목표를 달성하는 데 결정적인 역할을 한다.

우리나라에서도 섹터커플링은 기후위기 대응과 에너지 전환 전략으로 점차 주목받고 있다. 특히 지역별 에너지 자원과 수요 특성을 정밀하게 반영한 맞춤형 기술 적용이 성공적인 섹터커플링 구현의 핵심 요소로 부상하고 있다. 제주도는 행원리 풍력단지에 'RE100 수소시범단지'를 구축해 2025년부터 하루 최대 400kg의 그린수소를 생산하는 실증사업을 추진 중이다. 아울러 2025년 분산에너지 특화지역 지정과 함께 전기차 기반 V2G 모델의 본격적인 실증과 확산을 위한 기반도 마련되었다.

이러한 기술적 실증과 더불어, 섹터커플링 확산을 위한 정책적 기반도 점차 강화되고 있다. 2021년 발표한 '2050 탄소중립 전략'을 통해 섹터커플링을 중요한 탄소중립 달성 수단으로 명시하였고, 이를 위해 법적·제도적 지원을 강화해 나가고 있다. 또한, 산업부문 중심의 통합 에너지플랫폼 사업을 본격 추진하여, 산업단지 내 열과 전력 수요를 통합 관리하고, 산업공정에서 발생하는 폐열과 재생에너지 기반 전력을 상호 연계해 활용하는 시스템을 구축할 예정이다.

이제 미래에너지 시스템의 지속가능한 발전은 단일 에너지 부문 내에서의 효율성 개선만으로는 근본적인 한계에 직면할 수밖에 없다. 다양한 에너지를 효율적으로 생산하고, 생산된 에너지를 효과적으로 저장하며, 최종적으로 소비하는 모든 과정을 유기적으로 통합하고 최적화하는 통합 시스템 설계가 필수적이다.

섹터커플링은 이러한 구조적 전환의 출발점이자, 기술과 정책이 결합된 통합 에너지 그리드의 실현 경로다. 우리나라도 각 지역의 에너지 자원과 산업 구조를 반영한 섹터커플링 전략을 정교하게 추진하고, 이를 통해 분산형 에너지 시스템 기반의 탄소중립 사회를 구축해 나가야 한다. 기술과 제도가 함께 진화할 때, 우리는 보다 안정적이고 유연한 에너지 미래를 만들 수 있을 것이다.

Energy

the five roads

General
Green
Grid
Growth
Geopolitical

CHAPTER

4

Growth

에너지 산업과 기술의 진화

에너지는 항상 산업과 함께 진화해왔습니다.
수소, 전기차, 철강·시멘트의 탈탄소화, 부유식 해상풍력 같은 전환 산업이 오늘날의 주인공입니다.
이 장은 한국과 세계 산업이 어떤 기술을 준비하고 있으며, 어떤 리더십이 그것을 가능하게 만드는지를 함께 들여다봅니다.

해외시장서 존재감 커진 K-재생에너지

중국은 막대한 내수 시장을 바탕으로 전 세계 태양광 모듈 시장의 약 70%, 풍력 터빈 시장의 약 43%를 차지하고 있다. 특히, 우크라이나 전쟁의 영향으로 유럽이 에너지전환을 가속화하면서 2022년 상반기에만 중국산 태양광 모듈의 유럽 수출 규모가 42.4GW로 2021년의 40.9GW를 넘어섰다. 유럽의 '리파워 플랜(REPowerEU Plan)', 독일의 '신재생에너지법(Renewable Energy Act)' 등의 태양광 확대 정책으로 인해 중국산 모듈의 유럽 수출 증가세는 지속될 것으로 보인다.

풍력 터빈도 중국 기업들은 자국 내에서의 치열한 경쟁을 통해 가격과 기술 경쟁력을 확보하였는데, 중국의 육상풍력 터빈 가격은 타국의 1/2 수준에 불과하며, 해상풍력 터빈 가격이 유럽과 미국의 육상풍력 터빈보다도 낮은 수준이다. 이를 바탕으로 2020년에 최초로 1GW 이상의 풍력 터빈을 수출하였다.

우리나라 기업들은 어떨까. 태양광 산업에서 한화솔루션은 중국 기업들 틈바구니 속에서도 2022년 3분기까지 미국 주택용과 상업용 태양광 모듈 시장에서 점유율 1위를 차지하고 있다. 2023년 1월 한화솔루션은 미국 조지아주에 태양광 제조공장을 신·증설하는 계획을 발표했다. 약 3.2조원을 투자하여 잉곳, 웨이퍼, 셀, 모듈을 각각 연간

3.3GW 생산하는 공장을 신설하고, 연 1.7GW인 모듈 생산능력을 2024년까지 8.4GW로 약 5배 확대했다. 8.4GW 규모의 생산능력은 실리콘 전지 기반 모듈 생산 기업으로는 북미 최대 규모이다.

미국 백악관에서는 곧바로 이를 환영하는 보도자료를 발표했다. 조 바이든 대통령은 미국 역사상 가장 큰 태양광 투자를 발표한 것은 조지아주의 근로자 가정과 미국 경제에 큰 의미가 있다며, 조지아주에서 수천 개의 고임금 일자리를 창출할 것이며, 공급망을 되찾아 다른 나라에 의존하지 않고 청정에너지 비용을 낮추고 기후 위기에 대처하는 데 도움이 될 것이라고 밝혔다.

한화솔루션의 투자는 미국 인플레이션감축법(IRA)의 직접적인 영향을 받은 것이다. 2022년 미국 IRA 예산안에 따르면, 신재생에너지 관련 세액 공제 및 투자 금액이 1165억 달러(약 152조원) 이상이다. 한화솔루션은 기존 공장과 신규 투자로 인해 10년간 약 8조원의 세제 혜택을 받을 것으로 추정하고 있다.

우리나라 풍력 기업들도 하부구조물, 타워, 해저케이블과 같은 분야에서 글로벌 시장 경쟁력을 갖추고 있다.

SK오션플랜트는 해상풍력 하부구조물 제작 기술력을 보유하고 있는데, 우리나라 기업으로는 최초로 2020년 5월에 해상풍력 하부구조물을 수출하였다. 대만 창화해상풍력단지 1단계 공사에 자켓 21세트를 수출한 것이다. 대만은 해상풍력에 박차를 가하고 있는데, 2025년까지 5.6GW를 설치하고, 2026년부터 2035년까지 10년간 15GW를 설치할 계획이다. 대만의 해상풍력 발주가 본격화됨에 따라 SK오션플랜트의 수주 물량이 크게 늘어나고 있다.

덴마크 오스테드와 블라트, 싱가폴 케펠, 대만 CDWE 등과 해상풍력 하부구조물 공급 계약을 체결하면서 2021년 1766억원이었던 수주액이 2022년 7812억원으로 4배 넘게 증가하였다. 이에 따라 약 5000억원을 투자하여 경남 고성에 160만 m^2 규모의 세계 최대 해상풍력 하부구조물 생산 공장 건설을 추진하고 있다.

풍력타워 제작 분야는 우리나라에 본사가 있는 씨에스윈드가 세계 1위 기업이다. 중국 시장을 제외하고 세계시장 점유율이 약 16%에 달한다. 베스타스, 지멘스가메사 등 주요 풍력터빈 기업을 고객사로 두고 있으며, 미국, 베트남, 말레이시아, 중국, 대만, 터키, 포르투갈 등 주요 풍력발전 시장에 생산거점을 확보하고 있다. 2022년 11월 씨에스윈드는 지멘스가메사와 2023년 5월부터 2030년 12월까지 해상풍력 타워를 공급하는 계약을 체결하였다. 이로 인한 예상 매출액은 약 3.8조원 이상으로 추정하고 있다.

높은 기술력과 특수 설비로 인해 진입장벽이 높아 전 세계적으로 프랑스의 넥상스, 이탈리아의 프리즈미안, 일본의 스미토모 등 소수 기업이 과점하고 있는 해상풍력 해저케이블 분야에도 우리나라의 LS전선이 본격적으로 진출하고 있다. 최근 3년간 하이롱 해상풍력단지 등 대만으로부터의 수주액이 약 8000억원에 달한다. 영국은 현재 13GW 규모인 해상풍력을 2030년까지 4배 가까이 늘려 50GW를 설치한다는 계획이다. LS전선은 영국에서도 2022년 10월 보레아스 프로젝트 약 2400억원, 12월 뱅가드 풍력발전단지 약 4000억원 규모의 케이블 공급 계약을 체결하였다. 이에 따라 LS전선이 2022년 아시아, 유럽 등 해외에서 수주한 규모가 약 1.2조원에 이른다.

지금까지 풍력과 태양광 분야의 대표적인 기업들을 살펴보았다. 제조업 강국으로서 재생에너지 산업에서도 우리 기업들은 경쟁력을 갖추고 시장 점유율을 확대해 나가고 있다. 아쉬운 점은 국내가 아닌 해외에 공장을 두고 있거나 신규 공장도 해외 설치를 늘려 간다는 점이다. 우리 기업들이 국내에 공장을 짓고, 일자리를 만들 수 있는 계기가 마련되었으면 한다.

수소경제도 에너지 확보가 관건이다.

수소경제 시대가 다가오고 있다. 수소는 세 가지 특성을 가지고 있다. 매우 많고, 매우 가볍고, 매우 격렬하게 반응한다. 이런 특징에 대해 하나씩 살펴보자. 우주는 약 68%의 암흑에너지(dark energy)와 약 27%의 암흑물질(dark matter)로 이뤄져 있다. 우리가 아는 물질은 5%도 채 되지 않는데, 그 중 75%가 수소이고, 25%는 헬륨이다. 나머지 물질은 1%도 채 안 된다. 이처럼 수소는 알려진 물질 중에서는 가장 많다. 138억 년 전 빅뱅이 일어난 지 3분 만에 만들어진 원소가 수소와 헬륨이기 때문이다. 나머지 원소들은 한참 뒤에 별에서 만들어졌다.

우주가 대부분 수소와 헬륨으로 이뤄진 것과 달리 지구는 철이 가장 많다. 철은 지구 중량의 35%를 차지하고, 5.2%가 지표면에 존재한다. 지구를 철의 행성이라고 부를 정도로 매우 많은 양의 철이 존재한다. 철은 초신성이 폭발할 때 발생하는 높은 온도와 높은 압력에서 핵융합을 통해 만들어진다. 별은 우주의 철공장인 셈이다.

수소는 양성자 하나와 전자 하나로만 구성된 가장 가벼운 물질이기도 하다. 이처럼 가벼운 수소 원자를 잡아둘 만큼 지구의 중력이 크지 않기 때문에, 지구 대기에 수소는 0.00001%도 존재하지 않는다. 수소와 산소로 구성된 물이 없었다면 지구에는 그마저도 수소가 없을 것이다. '해저 2만리'의 작가 쥘 베른은 1874년 '신비의 섬'이라는 소설에서 석탄이 고갈될 경우 석탄 대신 물을 때면 된다고 썼다.

수소는 상온에서 기체로 존재하지만 영하 253도 이하에서는 액체로 바뀐다. 수소를 파이프라인이 아닌 배로 운반할 때는 액화하여 탱크에 보관한다. 운반 과정에서 탱크 내외부의 온도 차이로 인해 자연 증발되거나 기화되는 수소 가스가 상당하다. 미국에서 액체수소를 싣고 한 달을 걸려 우리나라에 도착하면 30% 정도가 기체로 날아가고 70% 정도만 남는다. 암모니아는 질소 원자 1개와 수소 원자 3개가 결합한 화합물로 영하 53도까지만 내려가도 액체로 바뀌어 보관이 쉽고 기화가 덜 된다. 그래서 암모니아를 수소 운반체로 활용하려 노력한다. 그러나 암모니아에서 수소를 분리하려면 액체수소에 비해 30배 이상의 에너지가 소요된다는 게 문제다.

수소는 공기와 혼합한 후 불꽃을 튀겨주면 폭발적인 연소반응을 일으키는 대표적인 가연성 물질이다. 발열량이 원유에 비해 3배가 넘는다. 1980년대 미국 우주왕복선은 액체수소를 연료로 사용했다. 한국형 우주발사체 누리호와 스페이스X의 팰컨9 로켓은 발사할 때 주로 등유를 연료로 사용한다. 화석연료인 등유를 사용하다 보니 팰컨9은 발사 후 3분도 안 되는 165초 동안 약 116톤의 이산화탄소를 내뿜는 것으로 알려진다. 이는 자동차 1대가 69년 동안 배출하는 양과 같은 수준이다. 이에 대한 대안으로 등유 대신 액체수소를 사용하려는 움직임이 있다. 아마존 창업자인 제프 베이조스가 이끄는 블루오리진의 뉴셰

퍼드와 일본의 주력 로켓인 H-2A는 액체수소를 연료로 쓴다.

　지난 2021년 우리나라 온실가스 배출량은 6억8000만톤이며 이 가운데 철강산업의 온실가스 배출비중이 14.3%로 전 산업부문에서 1위다. 그래서 '제철소 몇 개만 해외로 옮기면 우리나라의 온실가스 감축목표를 달성할 수 있다'는 말이 나온다. 우주에서 가장 흔한 수소와 지구에서 가장 흔한 철이 만나면 어쩌면 온실가스로 인한 기후변화 문제를 상당부분 해소할 수도 있을 것으로 보인다. 산화철 형태인 철광석과 석탄을 용광로에 넣어 1500도 이상의 고온에서 녹이면 일산화탄소가 발생해 철광석에서 산소가 분리되면서 많은 양의 이산화탄소가 발생하는 동시에 순수한 철을 얻는다. 수소환원제철은 철광석에서 산소를 분리시킬 때 수소를 사용한다. 이 과정에서 수소는 산소를 만나 물이 되고, 철을 얻게 된다. 그러나 수소환원제철은 수소를 800도 이상 가열해야 하기 때문에 많은 양의 에너지가 필요하다.

　결국은 무한루프처럼 에너지 문제로 돌아왔다. 수소를 얻기 위해서, 또 수소를 이용하기 위해서는 결국 에너지가 필요하다. 여전히 그 에너지를 어디에서, 어떻게 얻을 것인가가 관건이다. 우리는 지금까지 에너지를 얻기 위해 석유, 석탄, 가스를 해외 수입에 의존해 왔다. 2021년 기준 에너지 수입의존도 92.8%라는 점이 이를 증명한다. 수소경제 시대에도 에너지를 수입에 의존하지 않기 위해서는 국내에서 에너지를 어떻게 확보할 것인지에 대해 철저히 준비해야 한다.

철강 산업의 저탄소화

철은 태양과 같은 항성의 핵융합 과정에서 만들어진다. 규소 원자 2개가 융합하여 니켈이 만들어지고, 이 니켈은 불안정하여 대부분 몇 달 안에 붕괴하여 철이 된다. 원소 중에서 철의 원자핵의 에너지가 가장 안정적이다. 철은 지구의 핵을 구성하는 주요 원소이고, 알루미늄 다음으로 지각에 두 번째로 많은 원소이다. 해마다 지표면을 파고 폭파해서 퍼올리는 물질들의 순위를 살펴보면, 모래와 자갈이 430억 톤, 석유와 가스가 81억 톤, 석탄이 77억 톤, 철광석이 31억 톤이다.

채굴한 철(iron)은 대부분 강철(steel)로 가공한다. 철의 종류를 판가름하는 기준은 탄소 함량이다. 철이라는 스펙트럼의 한 극단에는 선철(pig iron)이 있다. 쇳물을 거푸집에 붓는 모양이 어미의 젖을 먹고 있는 새끼 돼지들을 닮아서 이런 이름이 붙었다. 선철은 탄소 함량이 약 3~4%로, 부서지기 쉽다. 반대쪽 극단에는 연철이 있다. 연철은 극소량의 탄소를 함유한 매우 순수한 금속인데, 망치로 두드려서 펼 수 있을 정도로 부드럽다.

인류 역사를 보면 독재자이든 민주적 지도자이든 모두가 강철에 집착한다. 강철이 물질 중에서 가장 기본이 되고, 거의 모든 제조 공정에 들어가기 때문이다. 타국의 강철로 자국의 무기를 만드는 걸 선호하는 지도자가 없기 때문일 수도 있다. 도널드 트럼프는 트위터에 "강철이 없다면, 국가가 없다!"라는 글을 쓰기도 했다. 마오쩌둥은 강철 생산을 언급하며 중국의 산업적 역량을 자랑했다. 2000년대 초반, 한 중국 기업이 독일 도르트문트에 있는 티센크루프의 제강소를 매입한 뒤 공장 시설을 분해하여 양쯔강 하류의 부지로 실어 날랐다. 이렇게 해서 사강 그룹의 본거지인 상하이 북부에 다시 세운 공장은 세계 최대의 제철소가 되었다.

철강 산업은 우리에게도 매우 중요한 산업이다. 2021년 생산액이 183.1조원으로 제조업 중 1위이다. 3,045개 사업체에 13만 9천명이 종사한다. 2022년에 중국(18%), 미국(14%), 일본(8.7%), 인도(6.8%), 베트남(6.3%) 등에 545억 달러를 수출했다. 철강 산업은 다른 주요 산업과는 달리 우리나라 전 지역에서 골고루 생산하고 있다. 수도권이 전국 생산액의 15.2%, 충청권 16.9%, 호남권 19.1%, 대경권 24.6%, 동남권 23.8%라는 숫자가 이를 보여준다. 지역 균형발전이라는 측면에서도 중요한 산업인 것이다.

선철 1톤을 얻으려면 철광석 1.4톤과 석탄 0.8톤이 필요하다. 석탄은 용광로를 가열하는 것과 동시에, 용광로 내부에서 매우 중요한 화학반응을 일으킨다. 철광석은 산화철을 풍부하게 함유한 암석이다. 철광석을 금속으로 바꾸려면 산소와 철을 분리해야 한다. 용광로 속에서 철광석에서 분리된 산소와 석탄에서 나온 탄소가 결합하여 엄청난 양의 이산화탄소가 배출된다. 전 세계 이산화탄소 배출량의 약 7~8%

에 해당한다. 우리나라 철강 산업의 온실가스 배출량은 2020년에 9,327만 톤으로, 국가 총배출량의 14.2%를 차지했다. 산업부문 배출량 2억 4,670만 톤의 37.8%에 해당한다. 포스코와 현대제철은 국내 온실가스 배출량 1위와 7위 업체이다. 이들은 전기로와 수소환원제철 등의 기술을 사용하는 공정으로 전환하여 온실가스 배출을 줄이기 위해 노력하고 있다.

강철은 비교적 재활용이 쉽다. 전통적 용광로가 아닌 전기로에 고철을 녹여 강철을 만드는 방식이다. 선진국에서는 강철에 대한 수요가 줄고 있는데, 한 사회가 사회기반시설을 충분히 보유하면 강철 수요가 포화점에 도달하기 때문이다. 오래된 고층 건물과 자동차가 새로운 철근이나 강철 플레이트로 재생되면서, 현재 미국 내 강철의 3분의 2 이상이 고철에서 탄생하고 있다. 21세기 후반에는 철광석보다 고철에서 더 많은 강철을 얻을 것이다. 재활용 강철을 생산하는 전기로가 풍력, 태양광 등 재생에너지에서 전력을 얻는다면 이것이 그린스틸이라고 할 수 있다.

수소환원제철은 석탄 대신 수소를 환원제로 이용해 직접환원철(DRI)을 만들고, 이를 전기로에서 녹여 쇳물을 생산한다. 철광석에 있는 산소와 수소가 만나면 이산화탄소 대신 물이 생긴다. 궁극적으로 탄소중립을 선도할 기술로 주목받고 있다. 이런 그린스틸을 만들려면 엄청난 양의 수소가 필요하다. 아직까지는 그린수소를 만들 때 비용이 매우 많이 든다. 유럽의 탄소국경조정제도(CBAM)가 2026년부터 시행되는데, 철강과 알루미늄, 비료 등 6개 제품을 유럽에 수출하려면 탄소 배출량을 보고해야 한다. 2050년까지 자사가 구매하는 철강제품 전부를 넷제로 철강으로 조달할 것을 선언하는 '스틸제로'와 같은 자발적 이니셔티브도 확산되고 있다. 볼보, 머스크, 오스테드, 지멘스 가메사 등 전 세계 36개 기업이 가입했다.

강철로 만들어진 오늘날의 세계를 유지하고, 한 국가의 안보와 경제를 위해서는 철강 산업의 저탄소화가 무척이나 중요하다. 철강 산업의 저탄소화를 위해 기업들의 기술개발 노력과 정부의 적절한 지원, 시민들의 관심이 필요한 때이다.

어렵지만 시급한 시멘트산업의 탄소감축

시멘트에 모래, 자갈, 물을 섞어 만드는 콘크리트는 현대 물질문명의 토대이다. 콘크리트는 건설 현장에서 사용하는 자재의 80%를 차지한다. 전 세계에 1인당 80톤이 넘는 콘크리트가 존재하는데, 이를 전부 합하면 총 650기가톤에 달한다. 지구상에 있는 모든 생물을 합한 것보다도 더 많은 무게가 나간다.

건축의 세계에서 시멘트는 콘크리트가 서로 단단히 달라붙도록 돕는 마법의 성분이다. 인류는 수천 년간 석회를 구워서 건물을 짓는 데 사용했다. 튀르키예에서 발견된 1만 년 전 신석기 유적의 바닥과 기둥에 시멘트를 사용한 흔적이 남아있다. 로마인들이 콜로세움의 기초를 만들 때 사용한 것도 콘크리트의 일종이다. 현대의 시멘트 제조법은 1824년 영국의 조셉 애스프딘이 특허를 낸 방법이다. 애스프딘은 '포틀랜드시멘트'라는 이름을 붙였는데, 시멘트의 색이 영국 포틀랜드섬에서 산출되는 천연석과 비슷하다는 이유에서였다. 포틀랜드시멘트는 전체 시멘트 생산량의 80% 이상을 차지한다. 토마스 에디슨은 시멘트의 역사에서도 중요한 역할을 했다. 에디슨은 당시 세계에서 가장 긴 시멘트 소성로(kiln)를 만들어 대량 생산을 가능하게 했다.

제1차 경제개발 5개년 계획에서 정부는 우리나라의 근간이 될 기간

산업을 시멘트, 비료, 화학섬유 등으로 정하고 집중적인 투자를 했다. 우리나라에 그나마 많이 매장되어 있는 지하자원이 석회석이라, 1960년대부터 시멘트 산업을 국가산업으로 육성했다. 시멘트는 한자로 양회(洋灰)라고도 하는데, 이 무렵부터 여러 시멘트 기업이 탄생했다. 2023년 한국은 연간 5천만톤이 넘는 시멘트를 생산하는 세계 11위의 시멘트 대국이 되었다. 소비량으로는 세계 10위이다. 국내 석회석 매장량은 118억톤이며, 향후 약 200년간 시멘트 생산에 사용할 수 있는 양이다.

시멘트의 제조과정을 살펴보면, 주원료인 석회석과 부원료인 진흙, 모래, 산화철 등을 원료 분쇄기에 투입하여 분쇄한 후 소성로에서 최고 2,000도의 고열로 가열하면 화학반응이 일어나 시멘트 반제품인 클링커가 생성된다. 클링커에 석고와 같은 첨가제를 혼합한 후 분쇄기에서 아주 잘게 분쇄하여 시멘트를 만든다.

시멘트산업은 철강, 석유화학과 함께 대표적인 온실가스 다배출 산업이다. 전 세계 온실가스 배출량의 7~8%를 차지한다. 석회석($CaCO_3$)을 가열하면 탈탄산과정에 따라 클링커(CaO)가 생성되면서 이산화탄소(CO_2)가 발생한다. 여기에서 발생하는 온실가스가 전체의 약 60%를 차지한다. 이 외에도 소성로 가열을 위해 유연탄을 연료로 사용하는 과정에서 약 33%, 원료 분쇄기, 냉각기 등 각종 설비에서 전기를 소모하면서 약 7%가 발생한다.

2023년 우리나라 온실가스 배출량 상위 30위 기업 중에는 시멘트 회사가 5개나 있다. 이들 기업의 배출량은 3천만톤이 넘는다. 국내 배출량의 약 4.7%에 해당한다. 우리나라 시멘트 기업들의 탄소배출량은 제품 생산 단위당 평균 $0.83tCO_2$로 글로벌 평균($0.62tCO_2$)보다 높다. 영업이익이 많지 않은 시멘트 회사들이 온실가스 감축을 위한 과감한 투자를 하지 못했기 때문이다.

시멘트산업은 전형적인 온실가스 난감축(hard to abate) 분야이다. 에너지 연소 때문이 아닌 공정 배출량이 많기 때문이다. 시멘트산업에서 발생하는 공정배출 감축을 위한 대표적인 수단에는 원료전환이 있다. 석회석을 슬래그, 애시류 같은 비탄산염 원료로 대체하거나, 클링커 비중을 줄이고 석고와 같은 혼합재 비중을 늘리는 것이다. 또 다른 주요 수단은 연료전환으로, 유연탄 대신 폐플라스틱, 폐타이어, 폐목재, 폐유 등의 순환자원이나 수소, 바이오매스 같은 신재생에너지를 사용하는 것이다. 예열기, 냉각기 등의 효율 향상을 통해서도 온실가스 감축이 가능하다. 이러한 감축기술 도입 이후에도 발생하는 이산화탄소는 결국 CCUS 기술을 이용해서 처리해야 한다. 탄소중립의 핵심 수단이지만, 아직은 너무 비싸서 수지를 맞추기가 어렵다. 양은 많고 마진은 박한 시멘트산업은 더욱 그렇다. 기술개발과 상용화를 위해 정부의 지원과 기업의 투자가 시급하다.

시멘트산업은 전형적인 원료 지향성 제조업이다. 운송비 부담이 커서 원료인 석회석을 채굴하는 광산 인근에 생산 공장을 짓는 편이다.

공장을 해외로 옮길 수도 없고, 해외 수입에 의존하기도 어렵다는 말이다. 우리는 비바람을 막아줄 튼튼한 지붕과 벽이 있고, 발밑에 단단한 바닥이 있으면 건축의 중요성을 잊곤 한다. 그러나 주거는 사람이 살아가는데 필수적인 의식주 중의 하나이다. 없어선 안 될 시멘트산업이 우리 사회에서 앞으로도 제대로 된 평가를 계속 받으려면 탄소배출 문제 해결이 우선되어야 한다.

시나브로 전기차 시대

2023년 6월 30일, 1905년부터 118년간 운영했던 전남 화순탄광이 문을 닫았다. 1960년대부터 1980년대 초까지 우리나라 산업화를 이끈 주력 에너지인 석탄이 퇴장하는 순간이다. 한창때는 전국적으로 300개의 광산에 5만명이 넘는 광부들이 광산업에 종사했다. 1980년대 초 7급 공무원 월급이 약 11만원일 때 광부 평균 월급은 25만원을 넘기도 해 목돈이 필요한 사람들이 전국에서 몰려들며 경쟁률이 50대1에 달하기도 했다.

석탄 산업은 산림녹화에도 크게 기여했다. 한국전쟁으로 수많은 산림이 파괴됐고 이후 전후 복구와 난방을 위해 그나마 남아있던 산림까지도 훼손돼 전국이 민둥산이 됐다. UN이 '한국의 산림 황폐화는 치유 불가능하다'고 했을 정도다. 당시 정부가 한 일은 연탄을 보급하는 것이었다. 국제구호단체인 월드비전에서 나무를 심는 예산을 지원받았는데, 이 돈을 연탄을 보급하는데 썼다. 월드비전에서는 산림녹화 지원금을 떼먹는 것으로 오해했다. 이에 정부는 나무를 땔감으로 쓰는 것을 줄여야 나무심기가 성공한다는 논리로 설득했다.

그 뒤로 석유와 가스가 보급되고 환경에 대한 관심이 높아지면서 석탄 사용이 급격히 줄었다. 특히 기후변화가 국제적인 이슈가 되면서 온실가스 배출계수가 천연가스에 비해 2배 쯤 되는 석탄 소비량을 전력 부문에서 줄이려는 노력을 가속화하고 있다. 석탄화력발전소 역시 점차 폐쇄되고 있다. 전력 부문 저탄소화의 중요성을 전기차를 예로 들어 살펴보자. 2021년 기준으로 16년 동안 24만km 주행 시 중형 전기차와 내연기관차의 생애주기(생산 → 사용 → 폐기) 이산화탄소 배출량이 전기차는 약 39톤으로 내연기관차(약 55톤)의 70% 수준이다. 전기차는 배터리 제조에 5톤, 차량 제조에 9톤, 운행시 사용하는 전기의 생산에 26톤의 이산화탄소가 배출된다. 더 나아가 배터리를 제조할 때 배출하는 온실가스의 약 30%는 전기 사용으로 인한 것이다. 결국 전력 부문의 탄소 배출량을 줄이지 않으면 전기차는 EV(Electric Vehicle)가 아닌 EEV(Emissions Elsewhere Vehicle), 즉 '다른 곳에서 탄소를 배출하는 자동차'가 될 수 있다.

덴마크는 풍력의 나라다. 국가 전체 전력 소비량의 절반 정도를 풍력이 감당한다. 2019년 9월 15일에는 풍력발전 생산량이 덴마크 전체 전력 수요를 초과하기도 했다. 문제는 바람이 불지 않을 때다. 덴마크는 이에 대한 해결책으로 풍력으로 만든 전기를 전기차에 저장하는 일을 추진하고 있다. 전기차를 이동식 보조 배터리로 만드는 것이다. 모든 집과 사무실 주차장에 충·방전 시설을 설치하는 거대한 사업을 진행하고 있다.

세계 전기차 시장의 맹주로 돈 냄새를 전 세계에서 가장 잘 맡는다는 테슬라의 일론 머스크가 이 일에 빠질 리가 없다. 자사의 전기차 충전소인 수퍼차저에 오토비더(Autobidder)라는 인공지능(AI) 기반의 플랫폼을 적용해 전기차 소유주가 요금이 쌀 때 배터리에 충전하고, 비쌀 때 전력회사 또는 수요자에게 팔도록 거래를 자동화했다. 테슬라는 중간에서 거래 수수료를 받아 수익을 얻는다. 호주는 재생에너지 비중이 높아 전기 요금의 변동성이 크다. 테슬라는 이미 여기에서 큰 수익을 창출하고 있는 것으로 알려진다.

1979년 UN 주도로 달의 천연자원에 대한 소유를 금지하는 달 조약을 체결했지만 미국, EU, 중국 등 대부분이 가입하지 않았다. 2015년 미국 정부는 '상업적 우주발사 경쟁력법'을 제정해 민간기업의 우주자원 채굴과 소유권을 인정하고 있다. 전기차 모터의 영구자석에는 디스프로슘이라는 희토류가 들어간다. 일론 머스크는 중국이 장악한 희토류에 대항해 희토류를 쓰지 않는 모터를 개발하겠다고 발표했지만, 한편으로는 자신이 소유한 스페이스X에서 만든 50m 길이의 스타십을 달에 보내 달 표면에 존재하는 디스프로슘과 같은 희토류를 채취하려 한다.

중국은 지난 12년간 약 30조원에 달하는 보조금을 전기차 제작업체에 지원했다. 지금은 보조금 지급을 폐지했지만, 여전히 전기차 비중이 30%에 달할 만큼 잘 팔리고 있다. 10년 전 쯤에 중국을 방문했을 때 "우리가 내연기관차는 서구보다 100년 뒤졌지만, 전기차는 앞설 것이다"라고 한 중국 공무원의 말이 떠오른다.

필자가 근무하는 울산에도 전기 택시가 많이 보인다. 일전에 택시를 불렀는데 전기 택시가 왔다. 운전기사분의 말로는 내연기관차를 운전할 때는 연료비가 한 달에 90만원이 나왔는데, 전기차로 바꾸고 나서는 한 달 전기료가 19만원 정도라고 했다. 차 가격만 좀 내려가면 전기차 시대는 정해진 미래인 것이다. 변화를 인지하지 못하면 위기에 빠진다. 위기가 오기 전에 대비하는 것이 최선이다. 우리는 전기차 시대를 잘 준비하고 있는지 생각해 볼 일이다.

부유식 해상풍력을 차세대 산업으로 키워야

석유의 정점을 일컫는 '피크 오일'이라는 용어가 있다. 과거에는 공급 관점에서 매장량 고갈로 인한 피크를 얘기했다면, 지금은 석유 수요의 정점을 가리키는 말로 쓰인다. 트럼프 2기 하에서 미국은 석유와 가스 생산에 열을 올릴 것이다. 하지만 에너지 사용의 주체인 세계 시민들과 기업들은 깨끗한 에너지를 원한다.

조만간 우리나라도 재생에너지가 전기 생산량의 10% 가까이 차지할 것으로 보인다. 하루에 2시간 넘게 햇빛과 바람에서 얻는 전기를 사용하는 셈이다. 태양광은 매년 3GW 정도가 새로 설치되고 있다. 재생에너지의 한 축인 풍력발전은 이제 본격적인 성장을 준비하고 있다. 입지 제약이 있는 육상풍력 보다는 해상풍력이 그 역할을 담당할 것이다.

거대한 구조물을 해상에 안전하게 설치하는 작업은 쉬운 일이 아니다. 파도, 염분, 폭풍에 견딜 수 있어야 한다. 까다로운 해양 환경에서 작업할 수 있는 기술과 능력을 확보하려면 수십 년에 걸쳐 파도와 폭풍을 견디는 방법을 터득한 산업의 힘을 빌려야 한다. 이 때문에 해상풍력에 적용되는 기술들은 전통적인 석유·가스 산업에서 사용해 온 것들이 많다. 특히 부유식 해상풍력이 그렇다.

석유·가스 산업은 가혹한 해양 환경을 견딜 수 있는 플랫폼을 설계, 제작, 운영한 경험이 충분하다. 이러한 전문지식은 부유식 해상풍력의 핵심인 터빈 플랫폼에 그대로 활용될 수 있다. 해상 유전 플랫폼을 고정하는데 사용하는 계류 및 앵커링 시스템도 부유식 해상풍력에 적용된다. 유지관리 및 운영에 사용되는 선박은 부유식 풍력단지에도 서비스를 제공할 수 있다. 석유·가스 산업에 종사하는 엔지니어는 해상풍력에 적용할 수 있는 기술을 보유하고 있다.

석유·가스 기업과의 협업은 부유식 해상풍력 사업을 가속화할 수 있다. 일본은 덴마크, 노르웨이와 협력하고 있다. 우리도 이들 국가와의 협력을 강화하고 있다. 실제로 석유·가스 기업들은 부유식 해상풍력에 투자하며 포트폴리오를 다각화하고 있다. 이들의 풍부한 자금과 위험관리 능력은 부유식 해상풍력 발전 기술을 확장하는데 매우 중요하다. 노르웨이의 국영 석유·가스 기업인 에퀴노르가 세계 최초의 상업용 부유식 해상풍력 단지인 하이윈드 스코틀랜드(30MW)를 조성한 것이 이를 잘 보여준다.

동아시아 지역에서 해상풍력에 관한 한 일본은 우리와 비슷한 처지이다. 중국, 대만에 비해 훨씬 뒤쳐져 있다. 우리처럼 부유식 해상풍력을 통해 이를 만회하려고 한다. 일본의 해안선 길이는 세계 7위이며, EEZ 면적은 세계 6위이다. 일본 해역은 수심이 깊어 부유식 해상풍력이 적합한 편이다. 기술개발과 실증을 위해 2021년부터 2030년까지 그린이노베이션기금 1,235억엔을 지원한다. 터빈, 부유체, 해상변전소 생산을 위한 제조시설에 투자하기 위해 345억엔을 배정했다. 미쯔비시중공업과 히타치는 전세계 부유식 해상풍력 하부구조물 특허 순위에서 각각 1위와 4위를 차지하고 있다.

2031년까지 울산 앞바다에 세계 최대 규모의 부유식 해상풍력 발전단지가 조성될 예정이다. 울산시와 투자의향서를 체결한 4개 컨소시엄이 4,875MW 단지 조성에 참여한다. 이들의 외국인 직접 투자규모는 4,500억원, 총 사업비는 37조 2천억원에 달한다. 예정대로 실현된다면 울산이 세계적 해상풍력 산업의 중심지로 도약할 것으로 기대된다.

부유식 해상풍력의 보급 가속화를 위해서는 혁신적 기술개발을 통한 비용 절감이 시급하다. 2017년 설치한 하이윈드 스코틀랜드 단지는 5기의 터빈에 15개의 앵커를 사용했지만, 2023년 준공한 하이윈드 탐펜 단지는 11기의 터빈에 19개의 앵커만을 사용했다. 1개 앵커에 여러 기의 터빈을 연결하는 기술을 적용하여 비용을 절감했다. 강철 대신 콘크리트를 사용하여 부유체를 제작하면 재료비의 50%를 절감할 수 있다. 계류선 역시 스틸 체인 대신 탄소섬유와 같은 합성 로프를 활용하면 안전과 수명을 개선할 수 있다.

미국은 서해안에 2045년까지 25~50GW의 부유식 해상풍력을 설치할 계획이다. 이에 필요한 공급망이 갖춰져 있지 않아 미국 정부는 부품을 동아시아에서 조달하는 것이 비용효과적이라는 분석을 내놓고 있다. 우리나라 여러 산업이 어려움을 겪고 있지만, 해상풍력과 밀접한 관련이 있는 조선사들이 세계 1~4위를 차지하고 있다. 이들 기업이 울산을 포함한 동남권에 있는 것도 경쟁우위에 도움이 된다. 부유식 해상 풍력을 차세대 산업으로 키울 수 있는 체계적인 전략과 전폭적인 지원이 필요하다.

여성의 리더십이 필요한 에너지 산업

히틀러는 "여자의 세계는 남편, 가족, 자녀, 집이다. 여자가 남자의 세계에 밀고 들어오는 일은 옳지 않다."라며 여성 근로자 80만 명을 해고하겠다는 공약을 내걸고 여성들의 사회 활동을 제한했다. 역설적이게도 제2차 세계대전이 일어나고 미국과 유럽에서는 남성들이 전쟁터로 떠나는 바람에 여성들을 위한 일자리가 많아졌다. 이들은 전후 경제 부흥을 이끄는 주역이 되었다.

여성은 우리 경제 발전에도 커다란 기여를 했다. 1966년부터 10년간 1만 명이 넘는 간호사가 독일에 파견되었다. 이들이 낯선 곳에서 힘들게 일해서 번 외화는 경제 발전을 위한 마중물로 사용되었다. 독일로부터 차관을 받을 때도 간호사들의 월급을 담보로 제공했다. 경제 개발 초기에 우리의 주력 수출상품이었던 가발은 1970년 총 수출액의 9.3%를 차지하며 수출 품목 3위에 올랐다. 가발의 원료인 머리카락은 당시 우리 어머니와 누이의 것이었다. 1970년대 봉제공장이 밀집한 동대문 평화시장의 근로자 중 85.9%가 14~24살 여성이었다. 당시 섬유·의류 산업은 경제를 일으켜 세운 효자산업이었다.

과학자의 이미지는 늘 남성적이다. 냉전 시대에 미국과 소련의 핵전쟁 위기를 다룬 영화 '닥터 스트레인지러브'의 주인공은 모두 남성이다.

합리적이고 냉철한 듯 보이지만 이성적으로 통제가 불가능한 이들로 묘사된다. 양자역학의 창시자인 막스 플랑크는 자연은 여성의 소명을 어머니와 주부로 설계해 놓았다며 한때 여성 과학자를 제자로 받지 않았다. 노벨 화학상 수상자인 에밀 피셔는 여성의 긴 머리카락에 불이 붙어 화재가 날 수 있다는 이유로 실험실에 여성을 들어오지 못하게 한 적도 있다.

여성 과학기술자에 대한 사회적 편견은 여전하다. 여성은 추상적인 과학이나 엔지니어링에 적합하지 않다거나, 사물 보다는 인간관계에 관심을 둔다는 주장이 그것이다. 미국에서 수십 년간 실시한 '과학자 그리기' 연구에 따르면, 1960년대에 여성 과학자를 그린 비율이 1%였던 것이 계속 증가하여 28%에 이르렀다. 일말의 희망은 보이는 결과이다.

대표적인 과학기술 분야인 에너지 산업 역시 전통적으로 남성에게 적합한 곳으로 인식되고 있다. 국제에너지기구(IEA)의 '2023 세계 에너지 고용 보고서'에 따르면, 에너지 분야에서 여성 인력은 20% 미만으로 전 부문 평균인 40%에 훨씬 못 미친다. 국제재생에너지기구(IRENA)는 석유·가스 산업의 여성 비율은 22%, 재생에너지 산업은 32%라는 조사결과를 발표했다. 우리나라 에너지 공기업의 여성 비율을 살펴보면, 한전은 23.5%, 석유공사는 18.2%, 가스공사는 13.1%에 불과하다.

산업화 시대에는 싸고 안정적인 에너지 공급이 가장 중요했다. 정부가 계획을 수립하고 이에 맞춰 에너지 공기업이 전력망, 가스망, 열수송관과 같은 인프라와 발전소를 건설하면 됐다. 기후위기 시대에 탄소중립을 향해 나아가면서 큰 변화가 생겼다. 에너지 믹스를 고효율의 저탄소형으로 바꿔나가야 하는 과제가 우리 앞에 있다. 그 과정에서 에너지 업계는 갈등을 겪고 있다.

특히 전력 분야의 갈등의 골이 깊다. 세계적인 추세에 따라 전통적인 발전 연료인 석탄, 가스와 같은 화석연료의 사용은 줄고, 대표적인 무탄소 에너지인 재생에너지의 비중이 커지고 있다. 기상상황에 따라 발전량이 변하는 재생에너지의 특성을 고려하여 안정적인 발전이 가능한 원자력발전의 필요성을 강조하기도 한다.

일사분란, 빠른 속도가 성장시대의 덕목이었다면, 기후위기 시대에는 다양성, 창의성, 관계지향성이 필요하다. MIT의 집단지성센터는 여성 참여 확대와 같은 다양성이 커지면 더 나은 의사결정을 할 수 있다는 연구결과를 발표했다. 여성은 비언어적 단서를 읽어내고 사람들의 생각을 듣는데 강점이 있다는 것이다. IEA에서도 여성이 혁신적이고 포괄적인 솔루션의 핵심 원동력이므로 성별 격차를 해소하는 것이 매우 중요하다고 강조한다.

에너지 산업에 여성의 참여가 늘어나고 이들의 의사결정 권한이 좀 더 많아져야 한다. 국제에너지기구(IEA), 국제재생에너지기구(IRENA),

아시아개발은행(ADB)과 같은 국제기구들은 오래 전부터 각종 컨퍼런스에 여성을 포함하도록 권고하고 있다. 작은 일부터 실천한다는 차원에서 필자도 위원회, 회의, 발표에 여성 전문가를 꼭 참여시키고 있다. 앞서 살펴본대로 여성들은 경제 부흥에 커다란 기여를 했다. 에너지 업계도 여성들의 역할이 커져야 한다. 현재 겪고 있는 갈등을 완화시키고 미래지향적인 에너지 정책을 만들고 실행하는데 여성들이 더 많은 역할을 할 수 있도록 우리 사회가 노력을 배가해야 한다.

테슬라의 꿈, 현실이 되다.
그러나 아직 끝나지 않았다.

지난 겨울, 우연히 읽은 『니콜라 테슬라 자서전』은 단순한 공학 기술의 기록을 넘어, 한 사상가의 치열한 삶과 미래를 향한 통찰을 전해주었다. 전기공학자로서 익숙했던 교류 송전이나 전동기 원리조차, 그가 꿈꿨던 인류 전체를 위한 기술이라는 관점에서 새롭게 다가왔다. 테슬라는 단순한 발명가가 아니라, '전기'라는 도구를 통해 인류의 삶을 근본적으로 바꾸고자 했던 비전가였다.

100여 년 전, 그는 전기의 흐름이 눈에 보이지 않더라도 세상을 연결할 수 있다고 믿었다. 교류(AC)의 효율성을 기반으로 고압 송전 기술을 개발했으며, '전류 전쟁(War of Currents)'에서 승리함으로써 오늘날 현대 전력 시스템의 토대를 마련했다. 그러나 그의 도전은 거기서 멈추지 않았다. 그는 지구 전체가 하나의 전기 공진체라는 사고를 바탕으로, 무선 전력 전송, 지구 공명, 고주파 전자기파의 활용 등 당대 과학계에서 수용하기 어려운 혁신적 아이디어를 실험했다.

1901년, 뉴욕 롱아일랜드에 착공된 '워든클리프 타워(Wardenclyffe Tower)'는 테슬라가 구상한 무선 전력 전송 기술의 결정체였다. 그는 지구 대기를 매개로 고주파 전류를 방사하고, 이를 통해 세계 어디에서든 송전선 없이 전력을 공급할 수 있으리라 믿었다. 이는 단순한 무선 충전 기술을 넘어, '에너지의 글로벌 공유'라는 철학적 비전을 담고 있었다. 그러나 현실은 가혹했다. 기술적 한계, 투자자의 이탈, 사회적 오해가 겹치며 워든클리프의 꿈은 무너졌고, 1917년 결국 타워는 철거되었다.

하지만 테슬라의 실험은 잊히지 않았다. 21세기 들어 그의 꿈은 다양한 형태로 다시 살아나고 있다. 스마트폰의 무선 충전 기술, 드론의 고속 충전, 전기버스의 주행 중 무선 전력 공급, 심지어 위성 간 전력 송신 실험까지, 무선 전력 전송은 점차 현실이 되고 있다. 우리나라에서도 자율주행 셔틀의 무선 충전, 해상풍력의 전력 전송 효율화를 위한 기술개발이 이뤄지고 있으며, 테슬라의 상상은 실험실을 넘어 산업 현장으로 옮겨가고 있다.

그러나 테슬라가 그린 미래는 단지 '기술의 진보'에 머무르지 않았다. 그는 전기를 통해 인류가 평등한 기회를 누리고, 지역과 계층의 격차를 넘어서기를 바랐다. 오늘날의 에너지 시스템 역시 중앙 집중형에서 분산형으로, 독점에서 공유로 전환되고 있다. 마이크로그리드, 재생에너지, 에너지저장장치(ESS), 수소, 디지털 전력거래 플랫폼 등은 모두 '전기를 더 자유롭고 공평하게' 사용하기 위한 흐름 속에서 등장하고 있다.

이러한 흐름을 잘 보여주는 대표적 사례가 덴마크의 삼쇠섬(Samsø Island)이다. 이 섬은 주민 주도로 태양광, 풍력, 바이오매스를 활용하여 에너지 자급을 실현했으며, 남는 전력은 인근 지역에 공급하고 있다. 이 과정에서 주민들은 단순한 소비자가 아니라 에너지 생산자이자 거래 주체로 참여하게 되었고, 지역 경제에도 긍정적인 영향을 미쳤다. 테슬라가 그렸던 에너지 민주주의의 청사진을 오늘날 현실로 구현한 사례라 할 수 있다.

니콜라 테슬라의 비전은 일부 현실이 되었지만, 아직 끝나지 않았다. 그는 기술 그 자체보다, 그것이 인류에게 어떤 변화를 가져올 수 있는지를 더 중요하게 여긴 인물이었다. 우리는 지금 그가 남긴 질문 앞에 서 있다. 어떤 에너지 기술을, 어떤 사회 구조 속에 구현해야 진정한 전환을 이룰 수 있을까?

지금 우리는 기술과 상상력의 경계에 서 있다. 테슬라가 말한 '보이지 않는 전기의 흐름'은 이미 시작되었지만, 그것이 전 인류를 위한 것이 되기 위해서는 더 많은 공감과 도전이 필요하다. 테슬라의 꿈은 현실이 되었다. 그러나 그것은 끝이 아니라, 인류가 다시 상상해야 할 새로운 시작이다.

기술은 준비됐다. 이제 시장이 응답할 차례다.

우리나라는 태양광, 풍력, 에너지저장장치(ESS), 스마트그리드, 수소 등 다양한 에너지 기술 분야에서 글로벌 경쟁력을 확보하고 있다. 특히 ESS 분야에서는 LG에너지솔루션과 삼성SDI가 글로벌 시장에서 선도적인 위치를 차지하고 있으며, 스마트그리드 기술도 한전과 한국전기연구원의 활발한 연구 개발로 세계적 수준에 가까워지고 있다. 태양광과 풍력 발전 역시 빠르게 성장하고 있고, 수소 분야는 상용화 단계로 성장하고 있다.

이처럼 기술력은 점차 고도화되고 있으나, 현실은 여전히 여러 과제에 직면해 있다. 해상풍력은 대규모 단지 개발이 본격화되고 있지만, 유럽 주요국 대비 갈 길이 멀다. 수소 기술도 생산·저장·운송 등에서 활발한 연구가 이루어지고 있으나, 인프라 구축과 상용화는 아직 초기 단계에 머물러 있어 정부의 정책적·재정적 지원이 절실하다.

에너지 업계 관계자들이 자주 하는 말이 있다. "기술이 부족한 것이 아니라, 그 기술을 시험하고 확산시킬 수 있는 시장 기반이 부족하다"는 것이다. 아무리 뛰어난 기술도 실제로 적용되지 않으면 단지 아이디어에 불과하며, 글로벌 시장에서 신뢰받기 어렵다는 현실을 반영한 말이다.

이를 보여주는 대표적인 사례가 바로 '제주 스마트그리드 실증단지'다. 2009년부터 2013년까지 약 2,400억 원이 투입되어 기술적 성과를 냈지만, 전기요금 체계의 경직성, 소비자 참여 저조, 수익 모델 부재, 농촌 지역의 고령화 등 여러 제도적·사회적 한계로 기대에 미치지 못했다. 이는 기술력 대비 제도적 뒷받침과 시장 수요 기반이 부족했기 때문이다.

이 경험은 오히려 새로운 전환점이 되었다. 정부는 실패를 교훈 삼아 '분산에너지 특화지역' 전략을 수립했다. 이 전략은 단순한 기술 실증을 넘어, 분산에너지사업자가 지역 내 소비자와 직접 전력 거래를 할 수 있도록 제도 설계와 규제 특례를 포함한 지역 맞춤형 사업 모델을 지향한다. 과거와 달리 훨씬 정교한 제도적 뒷받침과 전략이 마련된 것이다.

실제로 한 기업 관계자는 "기존 전력시장에서는 기술을 제대로 실증할 기회가 제한적이었으나, 특화지역 사업을 통해 다양한 기술을 시험하고 이를 수출 상품화로 연결할 수 있을 것"이라며 기대감을 드러냈다. 분산에너지 특화지역은 새로운 기술의 시험장이자, 미래 시장 진입의 전초기지 역할을 맡고 있다.

한편 우리나라 전력시장은 여전히 중앙집중형 구조에 머물러 있어, 수요자 중심 거래 체계나 분산자원 통합 운영에서는 유럽 선진국에 비해 뒤처져 있다. 이는 제도적 경직성과 제한된 시장 참여 구조 때문이며,

단순한 기술 개발만으로는 경쟁에서 살아남기 어려운 현실을 보여준다.

이러한 배경 속에서, 2024년 5월 산업통상자원부가 주최한 '분산에너지 특화지역 실무위원회 오픈 포럼'에서는 11개 지자체가 제출한 25개 사업 모델 중 7개 지역이 후보지로 선정되었다. 이곳들은 직접 전력 거래와 규제 특례가 허용되는 실증 공간으로 조성될 예정이며, 단순한 기술 실험실을 넘어 실제 수익 모델을 검증하고 제도 개선까지 연결하는 실질적인 시장으로서 의미가 크다.

기술은 충분히 준비되어 있다. 이제는 이를 실증하고 확산할 수 있는 시장과 제도가 절실하다. 정부, 지자체, 기업, 연구기관, 지역 주민 모두가 협력하여 실증 기반 시장을 만들고, 이를 수출 경쟁력으로 이어가는 선순환 구조를 구축해야 한다. 에너지 시스템의 고도화는 이제 막 시작되었으며, 앞으로 '제도'와 '시장'이 이 발전을 완성하는 핵심 열쇠가 될 것이다.

Energy
the five roads

General
Green
Grid
Growth
Geopolitical

CHAPTER

5

Geopolitical

자원, 권력, 전략이 얽힌 에너지 세계

에너지는 기술이지만, 동시에 권력이고 전략입니다.
산유국의 의도, 국제 기후 회의의 역학관계, 그리고 우주로 확장되는 에너지 탐사까지 – 이 장은 '지구적 시선'에서 에너지를 풀어냅니다.
오늘날 우리는 에너지를 통해 세계와 연결되어 있습니다.

우리는 여전히 화석연료 시대에 살고 있다.

현대 물질문명은 에너지를 기반으로 한다. 산업혁명 이전에 인류는 나무를 에너지원으로 널리 사용했으나 18세기 말부터 산업화가 진행되면서 수요에 비해 공급이 부족해졌다. 여기에는 15~17세기 대항해 시대를 거치며 교역이 활발해지면서 선박을 만들기 위한 목재 수요가 증가한 것도 한 몫 거들었다. 숲은 황폐해져 갔고 공장은 가동을 줄여야 하는 상황에서 석탄이 대안으로 떠올랐다. 석탄은 대량 생산이 가능하고 발열량이 높으며 매장량이 충분해서 인기를 얻었다. 석탄은 증기기관, 선박, 발전소 등에서 사용됐고 이를 통해 산업이 크게 발전했다.

20세기에 들어서면서 자동차 산업의 성장에 따라 석유 수요가 급증했다. 특히 제1차 세계대전에서는 석유가 군사적으로 매우 중요한 자원이 됐고 제2차 세계대전에서는 전투력을 결정하는 중요한 요소가 됐다. 두 번에 걸친 세계대전이 끝나고 중동 지역에서 석유 생산이 크게 늘어나면서 석유의 시대가 도래했다. 1970년대 이후 두 차례의 오일쇼크로 석유 가격이 급등하자 전 세계적으로 석유에 대한 의존도를 낮추기 위해 천연가스 사용을 확대했다. 석탄에 비해 온실가스가 덜 배출되는 천연가스는 화석연료의 환경문제가 대두되면서 수요가 더욱 늘어났다.

1980년대 들어 화석연료 사용으로 인한 기후변화 문제가 심각해지자 1992년 브라질 리우에서 열린 유엔환경개발회의에서는 석탄, 석유, 천연가스와 같은 화석연료 사용 증가에 따른 기후변화 등 부정적 영향을 완화하고 대기 중의 온실가스 농도를 안정화시키기 위해 기후변화협약을 채택했다. 그러나 온실가스 배출의 역사적 책임이 있는 선진국들에 대해서는 온실가스 감축 의무를 부여하지 않아 실효성이 없다는 인식 아래 1997년 교토의정서를 채택했다. 교토의정서는 선진국들에 대해 2008~2012년에 1990년 대비하여 평균 5.2%의 온실가스를 감축해야 하는 의무를 부과했다. 이 때 선진국들의 감축 의무 이행을 지원하기 위해 교토메커니즘이라고 부르는 3대 시장메커니즘이 도입했다. 바로 배출권거래제(Emission Trading), 공동이행(Joint Implementation), 청정개발체제(Clean Development Mechanism)다. 이 가운데 선진국들이 개도국들의 온실가스 감축 지원을 통해 발생한 감축량을 자국의 감축 의무에 활용하는 청정개발체제기(CDM)가 전 세계적으로 활발하게 추진됐다. 중국은 청정개발체제를 적극적으로 활용해 상당한 경제적 이득을 얻었다. 이 때문에 CDM은 중국개발체제(China Development Mechanism)의 약자라고 불리기도 했다. 교토의정서가 2020년 만료되자 국제사회는 오랜 협상을 거쳐 2015년 파리협약을 채택했다.

기후변화협약이 체결된 지 30년이 지나는 동안 우리는 화석연료 소비를 얼마나 줄였을까? 1차 에너지 기준으로 전 세계는 기후변화협약 체결 원년인 1992년에 약 82억3000만 TOE(석유환산톤)를 소비했으며 이 중 화석연료가 71억8000만 TOE로 전체의 87.3%를 차지했다. 2020년에는 총 소비량 132억9000만 TOE에 화석연료는 110억5000만 TOE로 비중이 83.1%다. 산업화와 인구증가, 경제성장 등으로 전체 에너지 소비량은 약 30년 새 1.5배 이상 늘어난 가운데 전체 소비량에서 화석연료가 차지하는 비중이 약간(4.2%포인트) 떨어지기는 했지만 여전히 80%이상을 화석연료에 의존해 살고 있다.

기후변화협약의 나이는 사람으로 치면 30세를 넘었다. 논어 위정편(爲政篇)에서 공자는 30세를 '뜻이 확고하게 섰다'는 의미의 이립(而立)이라고 했다. 최근에 기후변화 음모론과 같은 이야기들이 줄어들고, 기후변화가 화석연료 사용 증가로 인한 것이라는 데 대부분 공감하는 것은 기후변화협약이 이립에 들어섰기 때문일 거라는 생각은 필자만의 희망 섞인 바람은 아닐 것이다. 그렇지만 30년 동안 화석연료 비중이 4.2%포인트 줄어드는 데 그친 점을 감안하면 2050년 탄소중립까지 앞으로 30년 동안 우리는 화석연료에 대한 의존도를 얼마나 줄일 수 있을까?

2009년 덴마크 코펜하겐에서 열린 기후변화협약 당사국총회에 참석했을 때 경험했던 에피소드로 글을 마친다. 당시 공식 회의석상에서 한 태평양 도서국가 대표가 자기들과 같은 섬나라는 해수면이 높아져서 국토가 사라져가고 있다며 협상 타결을 눈물로 호소했다. 잠시 회의장이 숙연해지는가 싶더니 금새 자국의 이익을 위해 한치의 양보도 없이 고성을 주고받던 장면이 아직도 눈에 선하다.

산유국이 주도하는
기후변화 당사국 총회의 아이러니

EU의 코페르니쿠스 기후변화 서비스는 기후변화와 엘리뇨로 인해 2023년 2월부터 2024년 1월까지 1년 동안의 평균기온이 산업화 이전보다 1.52도 높았다고 발표했다. 파리협정에서 목표로 한 1.5도를 넘는 수치다. 파리협정은 수십 년에 걸친 지구 평균기온을 언급하는 것이므로 이미 목표를 벗어난 것이라고 할 수는 없다. 그러나 일부 과학자들은 1.5도 목표가 더 이상 현실적으로 달성될 수 없다며, 각국 정부가 더 빨리 온실가스 배출을 줄이는 조치를 취해야 한다고 촉구한다.

2024년 UN기후변화협약 당사국총회(COP29)는 11월 아제르바이잔 바쿠에서 개최되었다. 대륙별 순회 원칙에 따라 동유럽의 순서가 됐다. 동유럽 국가들이 만장일치로 개최국을 정해야 하는데, 러시아는 동유럽의 EU 국가에서 개최하는 것에 대해 반대했다. 최종적으로 개최에 필요한 자금과 시설이 갖춰진 아제르바이잔이 선정됐다. 두바이에서 북쪽으로 1770km 떨어진 곳으로, 비행기로는 약 3시간 거리다.

아제르바이잔은 불이라는 뜻을 가진 페르시아어 '아자르'와 나라라는 뜻을 가진 아랍어 '바이잔'에서 유래했다. '불의 나라'라는 뜻이다. 예로부터 땅 위로 새어나온 천연가스가 불타는 모습을 많이 볼 수 있어 붙은 이름이다. 이 지역은 불을 숭배해 배화교라고 불리는 조로아스터

교의 본산이었다. 기원전 6세기경 페르시아의 예언자 자라투스트라(조로아스터)가 창시했다. 이슬람 국가인 이 나라의 아테시카 사원은 조로아스터교의 성지 중 하나다. 바쿠의 석유에 대한 기록은 마르코 폴로가 쓴 '동방견문록'에도 나온다. 그는 "한 샘에서는 100척의 배에 한꺼번에 실을 정도로 엄청난 양의 기름이 뿜어져 나오지만 식용으로는 좋지 않다. 그러나 불이 잘 붙고, 가려움병이나 옴이 붙은 낙타에게 발라주면 좋다"고 썼다. 국내 여행 유튜버 1위인 빠니보틀이 석유 목욕을 한 곳이기도 하다.

아제르바이잔의 수도 바쿠는 19세기 말부터 20세기 초에 걸쳐 전 세계 석유 생산량의 절반 이상을 차지하면서 세계 최대의 유전지대로 이름을 날렸다. 초창기에 해외 자본에도 유전 개발을 허용했는데, 노벨 가문이 여기에 뛰어들었다. 노벨상을 제정한 알프레드 노벨의 두 형인 로베르트와 루드비그는 바쿠 유전의 개척자다. 이들은 1877년 노벨 브러더스 석유회사를 설립해 원유수송용 파이프라인을 건설하고, 유조열차도 만들었다. 1878년엔 세계 최초의 유조선 조로아스터호를 건조하기도 했다.

두 차례의 세계대전을 치루면서 석유의 중요성을 절실히 체감한 독일은 바쿠 유전을 차지하기 위해 무던히도 애를 썼다. 특히 2차 세계대전 기간 중에 독일은 극심한 석유 부족에 시달리자 1942년 바쿠 유전을 점령할 계획을 시도했다. 에델바이스 작전으로 명명된 이 계획은 스탈린그라드 전투에서 패배하면서 무산됐다. 자국 내에 풍부한 석탄으로 인공석유를 만들며 버티던 독일은 연합군이 인공석유 공장에 집중적인 폭격을 가하면서 결국 패망의 길로 들어섰다.

바쿠는 카스피해 최대의 항구 도시이다. 카스피해는 러시아, 이란, 아제르바이잔 등 5개국으로 둘러싸인 세계 최대의 내륙해다. 면적이 한반도의 17배나 된다. 육지로 둘러싸여 있어 호수로 보기도 하고, 크기가 워낙 커서 바다라고도 하며 논란이 있었다. 구소련 시절에는 소련과 이란이 카스피해에 대한 권한을 나누어 가졌으나, 1991년 소련이 해체되고 3개국이 새로 독립하면서 러시아와 이란은 호수, 신생 3개국은 바다라고 주장했다. 새로운 채굴기술을 이용해 카스피해에서 유전을 본격 개발하면서 연안국들 간에 첨예한 이슈가 되었다. 오랫동안의 논란 끝에 2018년 이들 5개국은 카스피해를 바다로 정의하는 협정을 체결했다.

인구 1000만 명의 아제르바이잔은 지금도 화석연료에 의존하고 있다. 미국 국제무역청에 따르면 2022년 이 나라의 석유와 가스 생산량은 GDP의 절반, 수출의 92.5% 이상을 차지했다. 바쿠 유전은 150여 년을 채굴하면서 빠르게 고갈되고 있다. BP통계에 의하면 아제르바이잔의 하루 원유생산량은 2011년 93만2000배럴에서 2021년 72만2000배럴로 줄었다.

파리협정이 체결된 지 어느새 10년이 흘렀다. 2024년 기후변화협약 당사국총회의 의장으로 아제르바이잔 국영 석유기업인 소카르(SOCAR)

의 부사장 출신인 무크타르 바바예프 환경자원부 장관이 임명됐다. 2023년 UAE에서 열린 'COP28'에서는 국영 석유기업인 애드녹(AD-NOC)의 최고경영자인 술탄 알 자베르가 의장을 맡았다. 2년 연속 화석연료 업계의 고위직이 당사국총회를 주도했다. 아제르바이잔은 당초 온실가스를 2030년까지 1990년 대비 35% 줄인다는 목표를 발표했으나, 2023년에 새로 제출한 국가 온실가스 감축 목표(NDC)에서는 2050년까지 40% 줄이는 것으로 목표를 후퇴시켰다. 산유국들이 기득권을 내려놓고 기후변화 완화를 위해 진정성을 가지고 회의에 임하기는 어려워 보인다.

트럼프 당선이 기후위기 대응에 미칠 영향

도널드 트럼프 전 미국 대통령이 2024년 11월 5일 치러진 제47대 대통령 선거에서 승리했다. 트럼프는 130여 년 만에 재선에 실패했다 다시 당선된 전직 대통령이자, 78세로 미국 역사상 최고령 당선인이 되었다. 트럼프는 2025년 1월 20일 취임했다.

트럼프의 공약은 Agenda 47에 자세히 나와 있다. 청정에너지와 전기차에 대한 지원을 축소하고, 화석연료 생산을 확대하며, 배출과 오염을 줄이기 위한 규제를 완화하겠다고 약속했다. 트럼프의 재선은 기후위기에 대처하려는 국제적 노력에 커다란 영향을 미칠 것이다. '드릴, 베이비, 드릴'이라는 슬로건 아래 자국의 석유, 천연가스 채굴을 장려하는 트럼프의 정책은 국제사회의 주요 대화주제가 될 것이다.

2017년 대통령으로 취임한 트럼프는 파리협정 탈퇴를 선언했다. 그러나 퇴임하기 몇 달 전인 2020년에야 협정에서 공식적으로 탈퇴할 수 있었고, 후임자 바이든 대통령은 취임 직후 재가입을 선택했다. 다시 백악관에 입성한 트럼프는 취임하는 날 파리협정에서 탈퇴한다는 행정명령에 서명했다. 이번에는 미국이 1년 안에 빠르게 탈퇴할 수도 있다.

2024년 11월 11일부터 제29차 기후변화협약 당사국총회(COP29)

가 열렸다. 100명 이상의 국가 정상이 개최지인 아제르바이잔의 수도 인 바쿠에 도착했다. 핀란드, 그리스, 케냐, 스페인, 사우디, 터키, 파키스탄 등 100명 이상의 정상이 참석했다. 바이든 대통령을 비롯해 중국, 인도, 브라질, 영국, 독일, 프랑스 지도자들은 회의에 불참했다. 회의 참석자들이 바쿠에 도착해서 가장 먼저 알아차린 것은 기름 냄새였을 것이다. 이 냄새는 공기 중에 무겁게 떠다닌다. 카스피해 연안에 있는 이 작은 나라에 화석연료가 풍부하다는 증거이다. 정유소에서 나오는 불꽃이 밤하늘을 밝힌다. 국가적 상징조차도 가스 불꽃으로, 도시 위로 우뚝 솟은 세 개의 고층 빌딩이 이를 상징한다.

COP29에서는 파리협정에서 정한 목표를 달성하는데 필요한 조치에 대해 논의했다. 특히 이번에는 금융에 초점을 맞추었는데, 선진국 주도로 연간 3천억 달러를 조성한다는 신규기후재원목표(NCQG)에 합의했다. 개발도상국이 온실가스를 줄이고 기후위기에 적응하도록 돕기 위한 것이다. 이는 지난 30년간의 회의에서 제대로 시도되지 않았던 것이다.

미국의 기후 정책에 커다란 변화가 예상되지만, 아직은 많은 이들이 포기할 생각이 없다. 2010년부터 2016년까지 유엔기후변화협약 사무총장을 지내면서 2015년 파리협정 체결에 주도적인 역할을 한 크리스티아나 피게레스는 "이번 선거 결과는 세계 기후 행동에 큰 타격으로 여겨질 것이지만, 경제를 탈탄소화하고 파리협정의 목표를 달성하기 위해 진행 중인 변화를 막을 수 없고, 막지 못할 것이다."라고 말한다.

미국의 친환경 에너지로의 전환은 계속 이어질 것이라 전망하는 이들도 많다. 여러 공화당 의원들도 IRA를 좋아한다. IRA를 통해 태양광, 풍력 등 청정에너지에 대한 지출이 3조 달러(약 4,200조원)에 달할 것으로 예상되는데, 지금까지 지출의 85%가 공화당에 투표한 지역에 돌아갔다.

전 세계적으로 재생에너지 산업은 이제 큰 사업이 됐다. 국제에너지기구(IEA)는 2024년에 풍력, 태양광, 배터리 등의 분야에 대한 투자가 약 2조 달러에 달할 것으로 추정했다. 석유, 천연가스, 석탄 산업 투자 금액의 2배에 달한다. 캘리포니아는 전력의 54%를 재생에너지에서 얻는다. 미국 전체로 보면 재생에너지 전력이 40%를 차지한다. 이 상황에서 트럼프가 자국의 전력망을 계속 유지하고 싶다면 이를 무시하기가 어려울 것이라는 전망도 있다.

2023년 두바이에서 열린 COP28에서는 '화석연료로부터 전환'이라는 역사적인 약속을 했다. 산유국과 메이저 석유기업의 로비 때문에 30년 만에 이 결의가 이루어졌다. 사우디를 포함한 일부 산유국은 트럼프 재임 기간 동안은 미국의 기후 정책이 후퇴할 것이라는 전망에 고무되어 이제 자신들의 이익을 위해 더 열심히 노력할 것이다. 트럼프 임기 동안은 온실가스 감축보다는 기후변화에 적응하는데 힘쓰는 것이 현실적으로 보인다.

온실가스 국제감축사업에 거는 기대

노벨경제학상 수상자인 로널드 코스가 1960년에 쓴 '사회적 비용의 문제'라는 제목의 논문은 시장을 활용하여 환경문제를 해결한다는 아이디어의 기반을 제공했다. 이 논문은 경제학 사상 가장 많이 인용되는 논문이다. 코스는 정부의 직접적인 간섭과 통제보다는 시장과 가격체계가 더 좋은 해결책을 제시할 수 있다고 주장했다. 코스는 배출권을 직접 언급하지는 않았지만, 다른 사람들이 그의 생각을 환경 문제에 적용했다. 미국에서 산성비를 줄이기 위해 실시한 배출권거래제는 규제로는 어림도 없었을 만큼 훨씬 적은 비용과 빠른 속도로 산성비의 원인인 이산화황 배출량을 크게 줄였다.

오염을 배출하는 권리를 시장에서 사고 파는 것은 도덕적 결함에 면죄부를 주는 폐해를 낳는다는 주장도 있었지만, 국제 기후협상에서도 비용효과적으로 온실가스를 줄이기 위해 탄소시장을 논의하기 시작했다. 제3차 기후변화협약 당사국총회가 열린 교토에서는 온실가스 감축을 실행하는 방법에 대해 충돌했다. 유럽연합(EU)은 강제적이고 직접적인 개입을 주장했다. 미국은 산성비 정책의 성공으로 생긴 자신감으로 거래제를 주장했다. 마감을 이미 넘긴 상태에서 의장은 미국과 EU 대표를 가까운 휴게실로 데려가 교토의정서를 타결시켰다. 이렇게 해서 시장은 기후변화에 개입하게 되었다.

개도국 입장에서도 선진국이 개도국의 청정에너지 프로젝트에 투자하는 청정개발체제(CDM)와 같은 시장 메커니즘은 받아들일 수 있는 사안이었다. 교토의정서 하에서 선진국들은 개발도상국에 기술과 자금을 투자하여 줄인 온실가스를 자국의 감축 의무 달성에 활용할 수 있게 되었다. 개도국들은 친환경 기술에 대한 해외 투자를 받게 되어 자국의 개발을 지속가능한 방향으로 추진할 수 있고, 선진국들은 온실가스 감축 의무 달성에 드는 비용을 줄일 수 있었다.

2015년 파리협정 체결로 탄소시장이 재편되었다. 파리협정 6조에 협력적 접근법(6.2조)과 지속가능발전체제(6.4조)라는 국제감축사업을 도입하였다. 이 조항은 각 국가가 국가감축목표(NDC)에서 제시한 온실가스 감축 목표를 달성하기 위해 자발적으로 서로 협력할 수 있도록 한다. 협력적 접근법은 국가들의 합의로 정한 자체 규칙에 따라 감축 실적을 나누어 갖는 방식이다. 지속가능발전체제는 교토의정서의 CDM과 유사하게 국제연합(UN)의 감독기구가 관장하는 시장이다.

2023년 두바이에서 열린 제28차 당사국 총회에서 6조에 대한 추가 지침을 개발하기 위해 협상을 벌였다. EU는 환경적 건전성을 위해 강한 규제를 주장하였다. 미국은 민간의 참여 확대를 위해 자발적 형태를 지지하였다. 양 진영의 입장 차이와 일부 개도국의 국제 탄소시장 개설에 대한 신중한 입장 표명으로 합의가 무산되었다.

파리협정은 교토의정서와 다르게 개도국도 온실가스 감축을 위해 국가 감축목표를 제시해야 한다. 이에 따라 개도국이 온실가스 감축량을 선진국에 이전하면 그 만큼을 자국의 배출량에 더해야 한다. 이를 상응조정이라고 한다. 상응조정이 되지 않은 배출권은 중복산정 문제로 '그린워싱(위장환경주의)'으로 지적받고 국가 감축목표에 사용할 수 없다. 파리협정 6조 메커니즘에서는 모든 면에서 개도국(사업 유치국)의 권한이 강력해졌고 선진국(투자국)의 권한은 약해졌다. 국제감축사업을 통해 배출권을 확보하기가 만만치 않다는 의미이다.

이런 상황 하에서도 유엔환경계획(UNEP)에 따르면 현재 전 세계적으로 141개의 국제감축사업이 추진되고 있다. 2024년 1월에는 스위스와 태국이 협력적 접근법에 따른 거래를 최초로 완료했다는 소식이 있었다. 스위스는 태국 방콕에서 내연기관 버스를 전기 버스로 교체하면서 2022년 10월부터 12월까지 발생한 온실가스 감축량(1916톤)을 구매하였다.

우리나라는 스위스, 일본, 싱가포르와 더불어 국제감축사업을 적극적으로 추진하고 있다. 우리나라는 국제감축사업을 통해 2030년 온실가스 감축 목표의 13%에 해당하는 3750만톤을 줄인다는 계획이다. 베트남, 우즈베키스탄, 몽골, 가봉과 협정을 체결하였고, 가나, 페루 등 6개국과는 가서명을 하였다. 2023년 한국에너지공단은 베트남 3개 사업, 우즈베키스탄 1개 사업을 선정하여 지원하고 있다.

전 지구적으로 온실가스를 규제하려는 노력은 에너지 정책과 시장의 구조를 근본부터 바꾸고 있다. 저탄소 에너지원에 대한 기술개발을 촉진하고, 자금의 흐름도 저탄소 기술로 향하고 있다. 국가 간의 협력 필요성도 어느 때보다 커지고 있다. 파리협정 6조와 같은 탄소시장이 국제적으로 에너지 효율을 높이고 온실가스를 줄이기 위한 노력에 새로운 힘이 되기를 기대한다.

항공기·선박·군 장비 탄소중립 해법은 '인공석유'

기후위기 시대에 탄소중립을 위해 전기화가 급속히 이루어지고 있다. 전기는 풍력, 태양광, 원자력과 같은 무탄소 전원을 이용해 만들 수 있기 때문이다. 우리나라 최종에너지 소비량 중에서 전기가 차지하는 비중도 2000년 14%에서 2021년엔 21%로 늘었다.

전기는 모자라도 안 되고 남아도 안 되는 특성을 가지고 있다. 재생에너지 발전량이 많아 전기 생산량이 소비량보다 많은 시간대에는 남는 전기를 저장할 곳이 필요하다. 배터리나 양수 발전소를 이용하면 좋지만 비용과 입지가 문제다. 전기화에 따라 전력망도 대폭 확대해야 하는데 수용성과 비용 문제로 많은 국가에서 어려움을 겪고 있다.

산업이나 건물부문에서는 전기를 이용해 공장을 가동하거나 냉난방을 하기가 쉽다. 반면 수송부문은 전기화가 어렵다. 2021년 수송부문의 전기 소비량 비중이 0.9%에 불과하다는 통계가 이를 잘 보여준다. 수송부문은 우리나라 최종에너지 소비량의 17%를 차지하고 있어 탄소중립을 위해서는 수송부문의 저탄소화 역시 중요하다. 섹터 커플링(Sector Coupling)을 통해 수송부문의 저탄소화를 실현할 수 있다. 섹터 커플링은 발전, 난방, 수송 등의 여러 부문을 연결하는 시스템을 말한다.

전기가 저장이 어렵다는 특성과 수송부문의 저탄소화를 위해서 전기차와 더불어 수소를 섹터 커플링의 중간고리로 활용하려는 움직임이 활발하다. 현재 수소 저장 기술은 부피당 에너지가 높지 않아 효율적인 저장과 운송이 어렵다는 단점이 있다. 에너지 저장 밀도를 높이기 위해 고압 압축 또는 극저온 액화 방식이 사용되고 있다. 수소를 이용해 암모니아나 각종 탄화수소계 연료를 합성할 수도 있는 데 이를 e-Fuel이라 부른다. e-Fuel은 재생에너지로 물을 전기분해해 생산한 그린수소(H_2)와 공기 중에서 포집한 이산화탄소(CO_2)로 만든 인공석유다. e-Fuel은 연소할 때 이산화탄소를 배출하지만, 제조할 때 이산화탄소를 활용하기 때문에 전 과정 평가 관점으로 보면 탄소가 재순환된다. e-Fuel을 탄소중립연료라고 부르는 이유이다. 2035년부터 내연기관차 판매 금지를 추진하던 EU는 e-Fuel을 사용하는 경우에는 예외로 인정하기로 했다. 자동차산업 강국인 독일의 요구를 반영한 것이다.

e-Fuel의 제조 기술 가운데 이미 상용화된 '피셔-트롭쉬(Fischer-Tropsch) 합성법'은 1926년 독일의 화학자 피셔와 트롭쉬가 석탄가스화에 의한 합성가스를 이용해 휘발유, 경유 등과 유사한 인공석유를 제조하는 기술을 개발한데서 시작됐다. 독일은 2차 세계대전을 일으킨 후 석유 수입이 막혔다. 석탄이 풍부한 독일은 석탄석유화 공장 25곳에서 하루 12만 배럴이 넘는 인공석유를 만들면서 버텼다. 당시 독일 항공 휘발유의 92% 이상과 전체 석유의 절반을 인공석유 공장에서 생산했다. 1944년 말부터 1945년 초에 연합군이 독일의 인공석유 공장에 집중적인 폭격을 가하기 시작하자 독일의 전쟁 기계 전체가 멈춰 섰다.

휘발유 부족은 전쟁의 종식을 의미했다. 전쟁이 끝나면서 이 기술은 잊혀지는 듯했다.

그러나 남아프리카공화국이 1950년대부터 악명 높은 인종차별정책인 '아파르트헤이트'를 실시하면서 국제사회에서 고립되자, 남아공 정부는 인공석유 생산을 위해 화학회사 사솔(Sasol)을 전폭 지원해 피셔-트롭쉬 공정을 개선했다. 사솔은 하루 16만5000 배럴의 생산용량을 갖춘 인공석유 공장을 운영하고 있다. 석탄 매장량이 많지만 석유는 거의 없는 남아공에서 석탄을 사용해 남아공 석유 수요의 약 40%를 충당하고 있다.

우리나라에도 이 연료가 들어온 적이 있다. 2002년 남아공 사솔사의 제품을 수입한 것이다. 바로 '슈퍼세녹스'다. 석탄액화연료는 대체에너지법에 대체에너지로 규정돼 있어서, 수입사는 교통세가 면제될 것으로 보았다. 그러나 정부는 관련 법규를 개정해 휘발유와 같은 세금을 부과했다. 법 개정으로 인해 당시 휘발유보다 비싸져 가격 경쟁력을 상실했다.

사솔의 방식은 석탄으로 인공석유를 만드는 것인데, 이 공정을 개조하여 석탄의 탄소 대신 공기 중에서 포집한 탄소를, 물을 전기분해해 생산한 수소와 결합시켜 만드는 것이 e-Fuel이다. 액체 상태의 e-Fuel은 기존 석유 인프라를 활용할 수 있어 수송부문의 전동화에 필요한 인프라 투자를 크게 줄일 수 있다. 대규모 수전해와 탄소 포집 설비가 충분하지 않고, 가격 경쟁력이 화석연료에 비해 떨어진다는 점은 극복해야 할 과제다.

삼면이 바다인 데다 북으로 막혀 있는 지정학적 여건 때문에 우리나라는 수출입을 해운과 항공물류에 의존하고 있으며, 북한과의 관계 때문에 충분한 국방력을 유지해야 한다. 2050년 이후에도 전기화가 어려울 것으로 예상되는 항공기, 선박, 군용차(트럭·장갑차 등)의 탄소중립을 위해 e-Fuel에 대한 관심이 필요하다. 탄소중립 시대의 에너지 시스템은 각국의 상황과 지리적 위치 등에 따라 다양한 체제가 공존할 것이다. 이에 대응하기 위해 정부는 e-Fuel과 같은 에너지원을 포함해 다각적이고 광범위한 에너지 포트폴리오를 짜고 여기에 필요한 기술개발과 실용화를 적극 지원해야 한다.

자원안보특별법과 재생에너지

"못 하나가 없어서 말편자가 망가졌다네, 말편자가 없어서 말이 다쳤다네, 말이 다쳐서 기사가 부상당했다네, 기사가 부상당해 전투에서 졌다네, 전투에서 져서 나라가 망했다네, 모든 것이 못 하나가 모자라서." 벤자민 프랭클린의 저서 '가난한 리처드의 달력'에 담긴 교훈적인 글의 한 대목이다.

미국 바이든 대통령은 취임하고 한 달이 막 지난 2021년 2월 24일 에너지, 방위, ICT(정보통신기술), 운송, 농업 등 핵심 산업과 반도체, 배터리, 핵심광물, 의약품 등 핵심 품목에 대한 공급망 리스크를 점검하고 육성방안을 마련하기 위한 행정명령인 '미국의 공급망(America's Supply Chains)'에 서명하면서 이 속담을 인용했다. 공급망의 한 지점에서 발생할 수 있는 작은 문제가 국가의 안보, 일자리, 지역사회에 커다란 영향을 미칠 수 있다는 의미이다.

행정명령에 따라 미국 에너지부는 정확하게 1년 후인 2022년 2월 24일, 2050년 탄소중립에 대비한 에너지산업 기반구축을 위한 종합계획인 '강력한 청정에너지 전환을 위한 미국의 공급망 확보 전략' 보고서를 발표했다. 여기에는 태양광, 풍력, 원자력, 연료전지, 수력, 전력망, 에너지저장 등 13개 분야에 대한 심층평가를 바탕으로 에너지 제조기반 강화방안이 제시되어 있다.

이중에서 태양광과 풍력 분야의 산업육성을 위해 제안하는 정책을 살펴보자. 우선 태양광은 국내 제조시설을 새로 설치하고 운영하는 것에 대해 세제혜택을 부여하는 법률을 제정할 것을 권고하는데, 특히 잉곳과 웨이퍼 생산에 대해 우선순위를 둘 것을 제안한다. 또한 청정에너지 보급을 위한 생산세액공제(PTC)와 투자세액공제(ITC)를 연장하고 개선하여 국내 생산을 지원하고 일자리를 늘리는 태양광 사업에 대해 더 많은 인센티브를 제공할 것을 제안한다. 마지막으로 미국 정부 전반에 걸쳐 무역 정책을 조정하여 미국 태양광 산업과 근로자를 위한 공정한 조건을 조성해야 한다고 제안하고 있다.

풍력 역시 청정에너지 생산, 신규 제조시설 건설, 시설의 지속적 운영에 대한 세제혜택을 부여하는 법률 제정을 권고하고 있다. 이어 해상풍력 활성화를 위해 해상풍력 항구 및 선박에 대해 우선적으로 자금조달을 할 것을 제안한다. 교통부 및 지방정부와 협력하여 관할 경계를 넘나드는 대형 풍력부품에 대해 운송 개선 자금을 지원하고 운송 허가 요건을 표준화할 것도 제안한다. 마지막으로 미국 풍력 공급망 경쟁력을 강화하고 물류 요구사항을 줄이기 위한 기술의 연구개발 및 실증 확대를 제안한다.

바이든 정부는 2022년 8월 결국 '인플레이션 감축법(IRA)'을 통과시켰다. 이 법은 명목적으로는 인플레이션 완화를 목적으로 하지만,

핵심은 에너지안보이다. 에너지안보를 위해 태양광, 풍력, 배터리 산업 등에 3690억달러(약 500조원)를 투자한다는 계획이다.

국제에너지기구(IEA)는 에너지안보를 적정한 가격에 에너지원을 중단 없이 사용할 수 있는 것으로 정의한다. 특정 에너지원에 대한 지나친 의존은 국가의 에너지안보에 해를 끼칠 수 있다. 두 차례의 석유파동을 겪고 나서 전 세계가 석유에 대한 의존도를 낮추기 위해 천연가스 사용을 확대한 것이 좋은 예이다.

재생에너지는 에너지원의 다양성을 확보하고, 연료수입이 필요없는 국내산 에너지라는 측면에서 에너지안보에 기여한다. 한편으로는 재생에너지의 변동성과 간헐성으로 인해 에너지저장장치 설치와 전력망 보강이 필요하다.

우리나라도 에너지와 자원 안보의 불확실성에 대응하기 위해 '자원안보특별법'을 제정했다. 이 법에는 국가 자원안보 컨트롤타워 구축, 조기경보시스템 구축 및 운영 등과 같은 내용이 담겼다. 자원안보의 개념과 범위도 석유, 가스, 석탄과 함께 재생에너지, 핵심광물, 수소, 우라늄 등으로 확대했다.

전통적인 석유, 가스 중심의 에너지안보 개념과는 다소 생소하게 생각될 수 있지만, 재생에너지가 에너지안보에 미치는 영향에 대해서는 이미 오래전인 2007년 발간된 IEA 보고서에서도 깊이 다루고 있는 주제이다. 앞으로 재생에너지의 역할이 더 커질 때를 대비하여 재생에너지 산업 공급망 확보와 재생에너지의 안정적인 공급과 사용을 위한 자원안보특별법의 내용이 충실히 실행되기를 기대한다.

에너지 지방 시대 :
분산에너지 특화지역이 열어가는 새로운 길

에너지의 무게중심이 중앙에서 지방으로 옮겨가고 있다. 탄소중립을 향한 전 세계적 흐름 속에서, 우리나라 역시 에너지 전환의 새로운 방향을 모색해야 할 시점에 이르렀다. 과거처럼 대형 발전소에서 생산된 전기를 수도권으로 보내는 방식은 이제 효율성과 지속가능성 모두에서 한계에 봉착했다. 해답은 '지역'에 있으며, 이를 구체적으로 구현하는 플랫폼이 바로 분산에너지 특화지역이다.

분산에너지 특화지역은 지역의 자원과 수요를 바탕으로 에너지를 자립적으로 생산하고 통합 운영하며, 나아가 직접 거래까지 가능하도록 설계된 제도적 모델이다. 전기뿐 아니라 열, 수소 등 다양한 에너지원이 지역 안에서 순환되고, 공급자와 소비자가 유연하게 연결되는 시스템을 지향한다. 이는 단순한 기술 실증을 넘어 지방 중심의 에너지 전환을 제도화하려는 새로운 시도이며, 2023년 제정된「분산에너지 활성화 특별법」을 통해 제도적 기반이 마련되었다.

기후위기에 대응하고, 전력계통의 부담을 완화하며, 지역 균형발전까지 실현하기 위해 기존 중앙집중형 시스템만으로는 한계가 뚜렷하다. 이에 분산에너지 특화지역은 에너지 자립 실현, 복합에너지 통합 운영, 지역 주도형 경제 생태계 조성을 통해 새로운 해법을 제시한다.

외부 전력 의존도를 낮추고, 지역 내 생산과 소비가 이루어지는 순환형 에너지 구조를 통해 전기·열·수소 등 다양한 에너지원의 연계가 가능해지며, 시스템의 효율성과 회복탄력성 또한 크게 향상된다. 아울러 민간 기업 유치, 주민 참여 확대, 에너지 거래 활성화를 통해 지역 경제의 선순환 구조를 촉진하는 것도 중요한 목표다.

특화지역은 지역의 여건과 목적에 따라 세 가지 유형으로 구분된다. 첫째는 대규모 산업단지나 데이터센터 등 수요처 중심으로 에너지 기반을 조성하는 전력수요 유치형, 둘째는 풍력·태양광·집단에너지 등 공급자원이 풍부한 지역에서 자립형 운영을 하는 공급자원 유치형, 셋째는 스마트그리드·디지털 플랫폼·VPP(통합발전소) 등 에너지 신기술을 융합해 신산업 중심지를 조성하는 신산업 활성화형이다. 이러한 유형별 전략은 획일적인 시스템에서 벗어나 지역 맞춤형 에너지 설계를 가능하게 해준다는 점에서 그 의미가 깊다.

2025년 5월 21일, 산업통상자원부는 분산에너지특화지역 실무위원회를 열고 전국 11개 신청 지역 중 7곳을 분산에너지 특화지역 후보지로 선정했다. 예컨대, 제주도는 전기차를 에너지 저장장치(ESS)처럼 활용해 충·방전을 통해 전력시장에 참여하는 'V2G(Vehicle to Grid)' 사업을 추진 중이다. 이는 전기차를 단순한 교통수단이 아닌 분산형 자원으로 활용하는 새로운 전력 거래 모델로, 관련 규제 개정을 통해 본격화될 예정이다. 부산시는 국내 최초로 최대 500MWh 규모의 ESS Farm을 조성해, 에코델타시티 내 데이터센터와 부산항만 선박에 전력을 공급할 계획이다. 이를 통해 한전 전력을 ESS에 저장한 뒤, 필요시 전력을 거래하는 구조도 가능해진다. 울산시는 지역 발전사인 SK MU가 전력 직접 거래를 통해 미포산단의 석유화학 업계에 저렴한 전기를 공급할 예정이며, 연료비 연동제나 탄소배출권 연계 전기요금 등 새로운 요금제 도입도 준비하고 있다.

분산에너지는 단지 기술의 문제만은 아니다. 이는 사회 전반의 참여와 협력을 통해 구현되는 새로운 에너지 패러다임이다. 지역의 자원과 수요에 기반하여 설계되는 만큼, 실행 주체는 지자체가 되어야 하며, 각 지역은 고유한 여건에 맞는 최적의 시스템을 스스로 설계하고 구축해야 한다. 이를 위해 지자체 중심의 추진체계와 함께 지역 기업 및 민간과의 협력 네트워크가 중요하며, 디지털 기반의 실시간 모니터링 및 자동제어, 에너지 데이터 플랫폼 구축 또한 병행되어야 한다. 효과적인 운영과 통합 관리를 위해서는 기술적 진보와 제도적 뒷받침이 함께 이뤄져야 한다.

분산에너지 특화지역이 지속가능한 모델로 자리잡기 위해서는 자유롭고 유연한 전력 거래 제도, 디지털 인프라 기반의 통합관리 시스템, 민간 기술 혁신에 대한 제도적·재정적 지원, 그리고 지역 주민의 지속적인 참여와 수익공유 모델 마련이 필수적이다. 이는 단순한 에너지 시스템의 전환을 넘어, 에너지 민주주의를 실현하는 사회 시스템의 재설계에 가깝다.

에너지 전환은 지역에서 시작된다. 분산에너지 특화지역은 대한민국 에너지 정책의 실험실이자, 지역 주도형 전환사회의 출발점이다. 에너지가 중앙에서 지역으로, 공급자에서 소비자로, 설비 중심에서 생태계 중심으로 전환되는 이 흐름은 우리 사회의 지속가능성을 결정짓는 중요한 열쇠가 될 것이다. 에너지 지방 시대는 이제 막 문을 열었으며, 그 첫 장을 써 내려가는 주체는 더 이상 거대한 발전소가 아니라, 지역 이름을 가진 에너지 공동체들이다.

일론 머스크의 화성 프로젝트와
우리나라 우주 에너지 기술의 미래

일론 머스크는 단순한 기술 혁신가가 아니다. 그는 인류의 미래를 우주에서 찾고, 다행성 종족으로 나아가야 한다는 철학을 실천하고 있는 인물이다. 그의 화성 탐사 프로젝트는 지구 환경의 한계를 넘어 인류의 생존 가능성을 넓히겠다는 비전에서 출발했다. 기후 위기, 감염병, 핵전쟁 등 전 지구적 위협이 가시화된 지금, 이 같은 비전은 더 이상 공상으로 치부할 수 없다.

이를 실현하기 위해 머스크는 민간 우주기업 스페이스X(SpaceX)를 설립했다. 스페이스X는 재사용 가능한 로켓 '팰컨9(Falcon 9)'을 개발해 우주 발사 비용을 획기적으로 낮췄다. 기존 발사가 3억~5억 달러가 들던 데 반해, 팰컨9은 6천만 달러 수준으로 줄었다. 이 같은 경제성과 반복적인 성공 사례는 민간 주도 우주탐사의 실현 가능성을 보여줬고, 글로벌 우주 산업 지형을 바꾸고 있다.

우주 탐사에서 에너지는 핵심이다. 특히 태양계 외곽으로 갈수록 에너지 확보는 더욱 도전적인 과제가 된다. 화성은 지구보다 태양으로부터 멀어, 일사량이 지구의 약 43% 수준이지만 여전히 태양광 발전이 가능한 환경이다. 실제로 과거 NASA의 '오퍼튜니티(Opportunity)'와 '스피릿(Spirit)' 등은 태양광으로 하루 수백 와트의 전력을 생산하며 활동했다. 반면 최근 화성에 착륙한 '퍼시비어런스(Perseverance)'는 안정적인 전력 확보를 위해 태양광 대신 방사성 동위원소를 이용한 전력원(Radioisotope Thermoelectric Generator)을 사용하고 있다.

그러나 단순한 에너지 생산만으로는 화성 거주나 산업화에 충분하지 않다. 보다 강력하고 지속적인 에너지원이 필요하다. 최근 주목받고 있는 것은 핵융합이다. 미국 로렌스 리버모어 국립연구소는 2022년 핵융합 실험에서 투입보다 많은 에너지를 발생시키는 데 성공했다. 비록 상용화까지는 갈 길이 멀지만, 향후 우주 에너지 자립의 핵심 기술로 자리매김할 가능성이 높다.

우리나라도 최근 우주개발에 본격적으로 뛰어들고 있다. 한국항공우주연구원이 개발한 누리호는 2021년 첫 발사 이후 2022년에는 목표 궤도에 위성을 안착시키는 데 성공하며 국내 독자 기술력의 상징이 됐다. 2023년부터는 민간기업 한화에어로스페이스가 발사체 사업에 본격 참여하면서 '한국형 뉴 스페이스' 시대의 문이 열리고 있다.

정부도 이에 발맞춰 2020년대 초부터 우주 산업에 수조 원을 투자하며 기술 개발과 산업 인프라를 확충하고 있다. 우주항공청 신설, 우주 산업 클러스터 조성, 2045 우주강국 전략 등 제도적 기반 마련도 속도를 내고 있다. 다만 민간 기업의 혁신 역량을 끌어올리기 위한 세제 혜택, R&D 지원 등은 여전히 부족하다. 미국이 스페이스X와 같은 기업에 수십억 달러 규모의 계약과 자금을 지원하며 생태계를 조성한 사례는 우리에게 많은 시사점을 준다.

NASA는 수소 연료전지와 전기 추진 기술 개발을 통해 우주선의 효율성과 지속가능성을 높이고 있다. 이러한 첨단 에너지 기술은 우주 탐사의 핵심 인프라로, 우리나라 역시 기술 자립과 국제협력 양 측면에서 대응 전략을 마련해야 할 시점이다.

일론 머스크의 화성 프로젝트는 단순한 기술 시연이 아닌, 인류 미래를 설계하는 새로운 접근이다. 그리고 이는 더 이상 특정 국가만의 전유물이 아니다. 우리나라 역시 우주 에너지 기술을 포함한 전략 분야에서 주도권을 확보할 수 있는 '기회의 창' 앞에 서 있다. 우주는 더 이상 먼 미래의 이야기가 아니다. 지금 우리가 어떤 선택과 투자를 하느냐에 따라 우리나라가 우주 시대의 주인공이 될 수 있는지가 결정된다.

미래 에너지를 찾아 우주로

인공지능(AI), 전기차 등이 늘어나면 앞으로는 기존 에너지 생산 시스템으로 전력을 공급하는 데 한계에 달할 것이다. 이런 상황을 미국은 누구보다도 먼저 알아차렸다. 전 구글 CEO인 에릭 슈미트가 2021년 설립한 미국의 초당파 싱크탱크인 SCSP(Special Competitive Studies Project)는 2024년 발표한 '미국 차세대 에너지 리더십을 위한 국가 행동계획'에서 2030년까지의 기간이 미국의 미래가 걸린 시기라면서 이 기간에 미국과 중국의 에너지 신기술 패권전쟁에서 핵융합 발전과 우주 태양광이 중요한 역할을 할 것이라고 주장했다.

핵융합 발전은 태양과 같은 별들이 에너지를 생산하는 원리인 핵융합 반응을 지구상에서 인공적으로 일으켜 에너지를 얻는 방식이다. 핵융합은 핵분열보다 더 많은 에너지를 만들어 내면서도 방사능은 훨씬 적게 배출하기 때문에 에너지 생산에 있어서 성배나 다름없다. 양성자 1개와 중성자 1개를 가진 중수소와 양성자 1개와 중성자 2개를 가진 삼중수소의 원자핵이 충돌하면 헬륨 원자액과 고에너지의 중성자가 생성된다. 이 때 생성된 헬륨 원자액과 중성자의 총 질량은 반응 전의 중수소와 삼중수소 원자핵의 총 질량보다 아주 약간 더 작다. 줄어든 미세한 질량이 아인슈타인의 유명한 질량-에너지 등가법칙($E=mc^2$)에 따라 엄청난 에너지로 변환된다. 빛의 속도(c)가 매우 크기 때문에 아주 작은 질량 변화도 막대한 에너지로 바뀐다.

중수소는 바닷물에서 얻을 수 있어 사실상 무한한 연료로 간주된다. 반면에 삼중수소는 자연상태에 존재하지 않기 때문에 리튬과 중성자를 반응시켜 만든다. 이 때문에 추출 비용이 1g에 수천만원을 호가한다. 삼중수소를 헬륨-3로 대체한다면 핵융합 에너지를 낮은 단가에 확보할 수 있다. 삼중수소와 달리 헬륨-3는 핵융합 과정에서 방사선이 발생하지도 않는다. 지구에는 헬륨-3가 전체 헬륨 중 고작 0.0001퍼센트에 불과하지만, 달에는 무려 100만 톤이나 존재할 것이라 추정한다. 수십억 년 동안 태양풍에 실려온 헬륨-3가 달 표면에 잔뜩 쌓여 있기 때문이다. 과학자들은 1톤의 헬륨-3가 5천만 배럴의 석유에 상당하는 에너지를 생산할 것이라고 추산하다.

우주 태양광은 1968년 NASA의 피터 글레이저 박사가 처음 언급을 했다. 55년이 지난 2023년에 와서야 세계 최초로 캘리포니아공대의 과학자들이 우주에서 태양광 패널로 얻은 에너지를 빔의 형태로 지구에 전송했다. 태양에너지를 마이크로파로 전환하여 무선으로 전송한 것이다. 지상에 있는 수신 장비는 전송된 에너지를 전기로 변환했다. 중국은 우주에 대규모 태양광 발전소를 건설하는 프로젝트의 청사진을 최근 공개했다.

경제성이 떨어진다는 지적을 받아온 우주 태양광 발전은 2020년대 들어 재사용 발사체로 발사 비용이 대폭 떨어지고 있어 관심이 커지고 있다. 우주 태양광 발전은 낮과 밤, 날씨에 관계없이 24시간 내내 태양광 에너지를 전기로 만들 수 있는 장점이 있다. 우주 태양광 발전은 국가 안보 측면에서도 중요성이 크다. 우주에 있는 태양전지판이 섬이나 지나가는 배, 전쟁터 등 어디든 전력을 공급할 수 있기 때문에 국가가 위급한 상황에 처했을 때 중요한 역할을 할 수 있다.

주요 국가들은 가까운 장래에 지구 정지궤도에는 태양광 패널을, 달에는 헬륨-3 채취 작업장을 차릴 것이다. 경쟁국들이 멀리 앞서가는데 두 손 놓고 바라만 볼 수는 없다. 지구 정지궤도는 혼잡해 질 것이고, 헬륨-3는 재생가능한 자원이 아니다. 비싼 임대료를 내고 패널 설치할 자리를 얻을 수도 없고, 태양풍이 불어와 달에 헬륨-3가 다시 쌓일 때까지 10억 년을 기다릴 수도 없다. 먼저 오는 국가가 차지하는 선착순일 뿐이다. 국가 차원이 아닌 민간기업들도 우주 진출을 위해 경쟁하고 있다. 가까운 미래에 스페이스X, 버진 갤럭틱, 블루 오리진, 중국의 아이스페이스, 러시아의 아스날과 같은 우주산업 관련 민간기업이 우주판 동인도회사 역할을 할 것이다.

재생에너지냐, 원전이냐 하는 소모적 논쟁을 끝내고, 이제는 도전과 상상력을 발휘할 때이다. 기존의 사고방식이나 행동양식의 틀에서 벗어나, 에너지 분야의 파괴적 혁신을 이끌어내지 못한다면 콘트롤+알트+딜리트 키를 동시에 누르는 행위를 하는 것이 될 것이다. 우리 사회의 강제 종료 버튼을 누르지 말아야 한다. 우주로 나가는 것이 우리를 구할 수 있는 유일한 방법이다.

에필로그

에너지의 미래를 함께 걷다.

이 칼럼집은 'General, Green, Grid, Growth, Geopolitical' 다섯 가지 키워드를 따라 에너지라는 광활한 세계를 여행한 기록입니다. 단순한 기술적·경제적 논의를 넘어, 우리가 어떻게 살아가야 할지에 대한 질문과 태도를 담고자 했습니다.

에너지는 우리 삶의 기반이자 문명의 동력이며, 다음 세대를 위한 약속입니다. 그리고 지금 우리는 그 약속을 새롭게 써 내려가야 할 중요한 시점에 서 있습니다.

기후 위기와 지역 불균형, 에너지 안보와 산업 구조 전환은 개별 과제가 아니라 서로 얽히고 맞물린 복합 구조 속에서 해법을 찾아야 하는 문제들입니다. 효율을 넘어 정의를 고민하고, 성장의 방향을 되묻고, 연결과 분산, 자립과 협력의 균형을 새롭게 설계해야 합니다.

에너지 전환은 단순한 기술 문제가 아니라 사회의 진화이자 삶의 방식에 대한 근본적 고민입니다. 탄소 감축만큼이나 에너지의 주체가 누구인지, 혜택이 어떻게 나뉘는지 깊이 성찰해야 합니다. 그리고 이러한 변화는 정부, 기업, 학계 어느 한 주체만의 힘으로는 완성될 수 없습니다.

에너지 시스템의 미래는 기술만으로 만들어지는 것이 아니라 제도와 사회, 문화와 정치, 그리고 '함께'의 힘으로 이루어지는 집단적 창조의 과정입니다. 이 책을 통해 독자 여러분과 그 가능성을 함께 상상하고 싶었습니다. '더 많이 아는 것'보다 '다르게 바라보는 것'이 더 중요하다고 믿기 때문입니다.

우리가 이 책에서 던진 질문들이 반드시 정답을 담고 있지는 않지만, 그 질문들이 각자의 자리에서 작게나마 실천의 씨앗이 되고, 그 씨앗들이 다시 지역과 산업 현장, 제도와 정책의 장에서 뿌리를 내리기를 간절히 바랍니다.

에너지는 결국 사람의 이야기입니다. 그리고 이 책은 바로 그 사람들의 이야기입니다. 기술 너머 현장에서 체감한 온도, 제도화의 벽을 넘는 과정에서 겪은 시행착오, 그 속에서 피어난 통찰과 사유가 이 책의 진정한 에너지입니다.

앞으로도 우리는 함께 고민하고 행동하며, 에너지의 미래를 걸어갈 것입니다. 이 책이 그 길 위에서 작은 이정표가 되기를 바랍니다.

에너지의 미래를 함께 걷다

발행일　1판1쇄 발행　2025년 7월 5일
발행처　듀오북스
지은이　박성우·김형중
펴낸이　박승희

등록일자　2018년 10월 12일 제2021-20호
주소　서울시 중랑구 용마산로96길 82, 2층(면목동)
편집부　(070)7807_3690
팩스　(050)4277_8651
웹사이트　www.duobooks.co.kr

이 책에 실린 모든 글과 일러스트 및 편집 형태에 대한 저작권은 듀오북스에 있으므로
무단 복사, 복제는 법에 저촉 받습니다.
잘못 제작된 책은 교환해 드립니다.

정가 16,000원　ISBN 979-11-90349-83-3　03500